国家级职业教育规划教材
人力资源社会保障部职业能力建设司推荐
高等职业技术院校电类专业教材

音响设备原理与维修

YINXIANG SHEBEI YUANLI YU WEIXIU

主 编 刘宁

U0209242

中国劳动社会保障出版社

简介

本书主要内容包括音响设备概述，调谐器、传声器件、音频信号处理设备、功率放大器、音箱系统、数字音响设备及典型音响系统的结构、功能、特点、工作原理、使用与维修等。

本书由刘宁任主编，卢运任副主编，王宇、林尔付参与编写。

图书在版编目（CIP）数据

音响设备原理与维修 / 刘宁主编 . -- 北京：中国劳动社会保障出版社，2020

高等职业技术院校电类专业教材

ISBN 978-7-5167-4583-0

Ⅰ.①音… Ⅱ.①刘… Ⅲ.①音频设备 – 理论 – 高等职业教育 – 教材②音频设备 – 维修 – 高等职业教育 – 教材 Ⅳ.①TN912.20

中国版本图书馆 CIP 数据核字（2020）第 185497 号

中国劳动社会保障出版社出版发行

（北京市惠新东街 1 号 邮政编码：100029）

*

三河市华骏印务包装有限公司印刷装订 新华书店经销

787 毫米 × 1092 毫米 16 开本 11.5 印张 266 千字

2020 年 10 月第 1 版 2020 年 10 月第 1 次印刷

定价：**26.00 元**

读者服务部电话：（010）64929211/84209101/64921644

营销中心电话：（010）64962347

出版社网址：http://www.class.com.cn

http://jg.class.com.cn

前　言

为了更好地适应全国高等职业技术院校电类专业教学要求，全面提升教学质量，人力资源社会保障部教材办公室组织有关学校的一线教师和行业、企业专家，充分调研企业生产和学校教学情况，广泛听取各职业技术院校对教材使用情况的反馈意见，对 2006 年至 2007 年出版的高等职业技术院校电类专业教材进行了修订，并做了适当的补充开发。

本次教材修订（新编）工作的重点主要体现在以下四个方面：

第一，科学合理安排内容，融入先进教学理念。

根据电类专业毕业生所从事职业的实际需要和教学实际情况的变化，合理确定学生应具备的能力与知识结构，适当调整部分教材的内容及其深度、难度，如《数控机床电气检修（第二版）》中增加了教学中广泛使用的广数 GSK980T 系统的相关知识；根据相关工种及专业领域的最新发展，在教材中充实"四新"内容，如《变频技术及应用（三菱　第二版）》中改用目前广泛应用的较新型的 FR-E740 型通用变频器。同时，结合教学改革要求，在教材中融入较为成熟的课改理念和教学方法，以完成具体典型工作任务为主线组织教材内容，将理论知识的讲解与具体的任务载体有机结合，激发学生学习兴趣，提高学生实践能力。

第二，进一步完善教材体系，充分满足教学需求。

在进一步完善现有教材教学内容的基础上，适应专业发展趋势，新开发了《电力电子技术》《过程控制技术》《工业组态软件应用技术》《自动化综合实训》《SMT 基础与工艺》《SMT 设备操作与维护》《SMT 编程技术》等教材，以充分满足当前教学实际需求。

第三，涵盖国家职业标准，与职业技能鉴定要求相衔接。

教材编写坚持以国家职业标准为依据，涵盖相关国家职业标准中、高级的知识和技能要求，并在与教材配套的习题册中增加针对相关职业技能鉴定考试的练习题。同时，严格贯彻国家有关技术标准的要求。

第四，进一步开发辅助产品，提供优质教学服务。

根据大多数学校的教学实际需求，部分教材还配套开发了习题册，以便于学生巩固练习使用。本套教材均提供多媒体教学课件，可通过技工教育网（http://jg.class.com.cn）下载，进入主页后搜索相应教材并进入图书详细页面即可找到下载链接。

　　本次教材的修订（新编）工作得到了江苏、安徽、山东、河南、湖南、广东、广西、四川等省人力资源社会保障厅及一些高等职业技术院校的大力支持，教材的编审人员做了大量的工作，在此我们表示诚挚的谢意。

人力资源社会保障部教材办公室

2019 年 7 月

目 录
CONTENTS

国家级职业教育规划教材

第一章　音响设备概述

§1-1　声音的基本知识

学习目标

1. 掌握声音传播的基本知识。
2. 掌握立体声的基本知识。

一、声音传播的基本知识

声音是由物体振动产生的声波，是通过介质（固体、液体或空气等）传播并能被人或动物听觉器官所感知的波动现象。

1. 声音的传播特性

（1）反射与散射

当声波从一种媒质进入另一种媒质的分界面时，会产生反射现象。声波反射时，其反射角等于入射角。声波在传播过程中遇到凹面墙时，反射波向某一点集中，称为聚焦；遇到凸面墙时，会发生扩散反射；遇到凹凸不平的墙面时，会发生散射。

（2）声波的吸收

当声波在传播过程中遇到障碍物时，除产生反射现象外，还有一部分声波会进入障碍物，进入障碍物的声波能量转变为热能，因此，产生的能量损失现象称为吸收。障碍物吸收声波的能力与其材料的吸声特性有关。

（3）绕射

当声波遇到墙面等障碍物时，有一部分声波会绕过障碍物的边缘而继续向前传播，这种现象称为绕射（或衍射）。

（4）干涉

干涉是指一些频率相同的声波在传播过程中互相叠加产生的一种现象。

除上述几种主要特性外，声波在传播过程中还有折射与透射、谐振、衰减等现象。

2. 声音的三要素

声音的三要素是指响度、音调和音色。

（1）响度

响度又称为声强或音量，它表示声音能量的强弱程度。人耳感受到的声音强弱是其对声音大小的一个主观感觉量。响度的大小取决于声音接收处的声波振幅，当传播距离一定时，声波振幅越大，响度越大。

（2）音调

声音频率的高低叫作音调，它表示人耳辨别声音调子高低的程度。音调主要由声音的振动频率决定，物体振动得越快，音调就越高；物体振动得越慢，音调就越低。

此外，音调的高低还与声音的强度、发声体的结构以及声音持续时间的长短等有关。

（3）音色

音色是指人耳对于声音特色的主观感受。音色主要取决于声音的频谱结构。例如，不同的乐器发出的声音，即使具有完全相同的响度和音调，人耳也能够通过不同的音色将它们分辨出来。

二、立体声的基本知识

1. 立体声的概念

人耳对于声音的鉴别不仅有强弱、高低之分，还有确定其方向和位置的能力。当多个声源同时发出声音时，人耳除能够感受到声音的响度、音调和音色外，还能感受到其方位和层次。这种具有方位、层次等空间分布特性的声音称为立体声。

2. 立体声的分类

立体声包括直达声、反射声和混响声。直达声是指直接传播到听者左、右耳的声音。反射声是指从室内表面上经过初次反射后，到达听者耳际的声音，比直达声晚十几毫秒到几十毫秒。混响声是指声音在室内经过各个边界面和障碍物多次无规则的反射后所形成的余音。

3. 立体声的特点

（1）具有明显的方位感和分布感。用单声道放音时，例如，听一场音乐会，不同乐器从各个方位发出的声音被一个传声器接收（或被几个传声器接收后混合在一起），综合成一种音频电流并记录下来，放音时也是由一个扬声器发出，以致听者只能听到各个方向不同乐器的综合声，而不能分辨是哪个乐器发出的声音以及是从哪个方向发出的。而用立体声放音时，听者会明显感到声源分布在一个宽广的范围，主观上能够想象出每种乐器所在的位置，产生对声源所在位置的一种幻象，简称为声像。声像重现了实际声源的相对空间位置，具有明显的方位感和分布感。

（2）具有较高的清晰度。用单声道放音时，由于各种不同的声源混杂在一起，受掩蔽效应的影响，听音清晰度较低。而用立体声放音时，听者能够很好地区分声源的类别及其方位，且各声源之间的掩蔽效应较小，因而清晰度较高。

（3）具有较小的背景噪声。用单声道放音时，背景噪声与有用的声音由同一个扬声器发出。而用立体声放音时，由于重放的噪声声像被分散开了，使背景噪声对有用声音的影响减弱，因此，与单声道放音相比，其噪声较小。

（4）具有较好的空间感、包围感和临场感。立体声系统能够更好地传输近次反射声和混响声。

4. 立体声的定位机理——双耳效应

人的双耳位于头部的两侧，当声源偏向左侧或右侧（即偏离听者正前方的中轴线）时，声源到达左、右耳的距离不同，导致到达两耳的声音在声压级、时间、相位上存在差异。这种微小差异被人耳的听觉所感知，传导给大脑并存储在大脑中，与已有的听觉经验进行比较分析，从而判别出声音的方位，这就是双耳效应。

5. 环绕立体声

环绕立体声是在双声道立体声基础上发展起来的一种多声道立体声系统。与一般的立体声相比，环绕立体声增强了声音的纵深感、临场感和空间感，使听者不仅能够感受到来自前、后、左、右的声源发出的声音，而且能够感受到周围的整个空间都被这些声源所产生的空间声场所包围，从而营造出一种置身于影剧院的音响效果。

环绕立体声系统主要分为杜比环绕声系统、杜比定向逻辑环绕声系统、杜比数字环绕声系统、数字影院系统和虚拟环绕声系统等。

§1-2 音响系统的基本知识

学习目标

1. 了解音响系统的基本概念。
2. 熟悉音响系统的基本组成和原理。
3. 了解音响设备的基本性能指标。

一、音响系统的基本概念

音响系统是指用传声器把原发声场声音的声波信号转换为电信号，并按一定的要求用一些电子设备对电信号进行处理，最终用扬声器将电信号再转换为声波信号进行重放的系统。

二、音响系统的基本组成和原理

音响设备，从广义上来说，是声音产生、传输、处理、记录及还原的设备。它可以分为专业音响设备和非专业音响设备两大类。专业音响设备是指广播电台、影剧院、音乐厅等专门部门使用的设备，非专业音响设备则主要是指家用音响设备。

最简单的音响系统由音源、调音台、信号处理器、功率放大器和音箱等组成，其组成框图如图1-2-1所示。

图1-2-1 最简单音响系统的组成框图

音源产生或接收到的声音信号，其效果不一定完美，如可能与人们的主观感受和实际需要存在差异，这就要做进一步处理；同时，其电流、电压幅度也必须进行放大，以产生足够的功率推动音箱发出声音。音响系统的工作过程为：各路信号通过信号选择开关进行切换，依次进入调音台、信号处理器和功率放大器等部件，对音调、音色和声音的表现形式做进一步的美化、修饰、调整和放大，然后经过音箱系统进行声音的还原。

1. 音源

音源是指记录声音的载体。只有把声音记录在某种载体上，音响设备才可以将声音进行还原。常见的音源有CD、DVD、MP3和MP4等。

（1）CD

CD 即激光唱片（compact disc），适用于存储大数量的数据，具有耐用、操作简便等优点。目前常见的 CD 格式有声频 CD、CD–ROM、CD–I 和视频 CD 等。

（2）DVD

DVD 即数字多功能光盘（digital video disc），是一种光盘存储器，通常用来播放标准清晰度的电影、高质量的音乐和存储大容量的数据。DVD 是比 VCD（video compact disc，影音光盘）更新一代的产品，它与 VCD 的外观极为相似，其直径都约为 120 mm。常见的单面、单层 DVD 的容量约为 VCD 的 7 倍。DVD 和 VCD 都是使用光学读取技术获得光盘中的资料，但 DVD 的光学读取光点较小（DVD 的光点为 0.55 μm，VCD 的光点为 0.85 μm），因此，相同的盘片面积，DVD 资料存储的密度比 VCD 的大。

（3）MP3

MP3 是一种音频压缩技术，其全称是动态影像专家压缩标准音频层面 3（moving picture experts group audio layer Ⅲ），它能大幅度降低音频数据量，并且具有较好的保真度。MP3 播放器主要由存储器、显示器（液晶显示屏）、微处理器和数字信号处理器等组成。微处理器是播放器的"大脑"，用来接受用户选择的播放控制，并将当前播放的歌曲信息显示在液晶显示屏上，同时向数据信号处理器发出指令，使其准确地处理音频信号。数字信号处理器先用解压算法将 MP3 文件解压，然后用数模转换器将数码信息转换为波形信息，同时由放大器将信号放大并送到音频端口，便可通过接在音频端口的耳机听到动听的音乐。

（4）MP4

MP4 是一种全新的音乐格式，其压缩比高于 MP3，音质也比 MP3 好。更重要的是，MP4 音乐文件内置了包括与作品版权持有者相关的文字、图像等版权说明，并且内嵌播放器，在 Windows 里直接双击就可以运行播放。

2. 调音台

调音台又称为调音控制台，它可以将多路输入信号进行放大、混合、分配、音质修饰和音响效果加工，是现代电台广播、舞台扩音等系统中进行播放和录制节目的重要设备。调音台主要由输入部分、母线部分和输出部分组成，母线部分负责把输入部分和输出部分联系起来。

3. 信号处理器

信号处理器又称为数字处理器，是对数字信号进行处理的器件，由输入和输出两部分组成。输入部分包括增益控制、均衡调节、延时调节和极性转换等。输出部分包括信号输入分配路由选择、高通滤波器、低通滤波器、均衡器和限幅器等。

常见的信号处理器有简单的音箱处理器、多功能数字信号处理器、具有网络音频传输功能的数字信号处理器和具有大型集中处理功能的数字音频矩阵等。

4. 功率放大器

功率放大器简称为功放，是指在给定失真率的条件下，能产生最大功率输出以驱动某一负载（如扬声器）的放大器。功率放大器通常由前置放大器、驱动放大器和末级放大器三部分组成。前置放大器起匹配作用，其输入阻抗高（不小于 100 kΩ）、输出阻抗低（几十欧姆以下）。同时，前置放大器本身又是一种电流放大器，它将输入的电压信号转换为电流信号，并进行适当放大。驱动放大器起桥梁作用，它将前置放大器送来的电流信号进一步放大，将其放大成中等功率的信号，驱动末级放大器正常工作。如果没有驱动放大器，末级放大器不可能送出大功率的声音信号。末级放大器起关键作用，它将驱动放大器送来的中等功率电流信号放大成大功率信号，带动扬声器发声，其技术指标决定了整个功率放大器的技术指标。

5. 音箱

音箱是整个音响系统的终端，其作用是把音频电能转换为相应的声能，并辐射到空间中去。它是音响系统极其重要的组成部分，其性能好坏对音响系统的放音质量起着决定性作用。

三、音响设备的基本性能指标

音响设备的基本性能指标有频率响应、谐波失真、信噪比和动态范围等。

1. 频率响应

将一个以恒电压输出的音频信号与系统相连接时，音箱产生的声压随频率的变化而增大或衰减，相位随频率的变化而发生变化，这种声压和频率、相位相关联的变化关系称为频率响应。另外，在振幅允许的范围内音响系统能够重放的频率范围，以及在此范围内信号的变化量也称为频率响应。频率范围越宽，振幅容差越小，则频率响应越好。

2. 谐波失真

各音响设备中的放大器存在一定的非线性，会使音频信号通过放大器时产生新的各次谐波成分，由此造成的失真称为谐波失真。谐波失真会使声音失去原有的音色，严重时会使声音变得刺耳、难听。该项指标可用新增谐波成分总和的有效值与原有信号有效值的百分比来表示，因而又称为总谐波失真。

3. 信噪比

信噪比，即信号噪声比，记为 SNR（signal-noise ratio），是指一个电子设备或电子系统中信号与噪声的比例。

信噪比通常用分贝值（dB）表示，即

$$SNR=20\lg\frac{U_S}{U_N}$$

其中，U_S 和 U_N 分别代表信号电压和噪声电压。

信噪比越大，说明混在信号中的噪声越小，重放的声音越"纯净"，音质越好。

4. 动态范围

动态范围是指音响系统重放时最大不失真输出功率与静态时系统噪声输出功率比值的对数值，单位为分贝（dB）。一般性能较好的音响系统的动态范围在 100 dB 以上。动态范围越大，所能表现的层次越丰富，所包含的色彩空间也越广。

思考与练习

1. 声音的三要素是什么？
2. 简述响度、音调和音色的定义。
3. 简述立体声的分类及特点。

4. 简述双耳效应的定位机理。

5. 音响设备由哪几部分组成？

6. 常用的音源有哪些？各有什么特点？

7. 功率放大器一般由哪几部分组成？

8. 音响设备的基本性能指标有哪些？

第二章　调谐器

学习目标

1. 掌握无线电波发送与接收的基本原理。
2. 熟悉调谐器的基本组成与主要性能指标。

一、无线电波的发送与接收

在电磁场中，磁场的任何变化都会产生电场，电场的任何变化也会产生磁场。交变的电磁场不仅可以存在于电荷、电流或导体的周围，而且能够脱离波源向远处传播，这种在空间以一定速度传播的交变电磁场，称为电磁波。无线电技术中使用的这一段电磁波通常称为无线电波，其频率范围为几十赫兹（甚至更低）到 3 000 GHz。

无线电波具有波的共性，它的波速（在空间的传播速度）与光速相同。无线电波在一个变化周期内传播的距离称为波长，用 λ 表示。波长 λ、频率 f 与波速 c 三者之间的关系为

$$\lambda = c/f$$

无线电波的传播方式主要有地波、天波和空间波 3 种。地波是指沿地球表面空间进行传播的无线电波；天波是指依靠高空（高度约为 100 km）电离层的反射来传播的无线电波；空间波是指在空间进行直射传播的无线电波。

通常，频率低于 3 MHz 的无线电波（如中波 MW 广播）主要依靠地波传播；频率在 3～30 MHz 的无线电波（如短波 SW 广播）主要依靠天波传播；频率在 30 MHz 以上的无线电波（如调频 FM 广播和电视广播）主要依靠空间波传播。

1. 无线电广播的发送

调制是把低频（音频）信号装载到高频载波上的过程。无线电广播的发送一般采用调幅和调频两种调制形式。

调幅是指高频载波的振幅随调制信号（音频信号）的变化而变化，其频率不变，波形如图 2-1-1 所示。

调频是指高频载波的频率随调制信号（音频信号）的变化而变化，其幅度不变，波形如图 2-1-2 所示。

无线电广播的发射机主要由传声器、音频放大器、调制器、高频放大器、高频振荡器以及发射天线组成，其组成框图如图 2-1-3 所示。

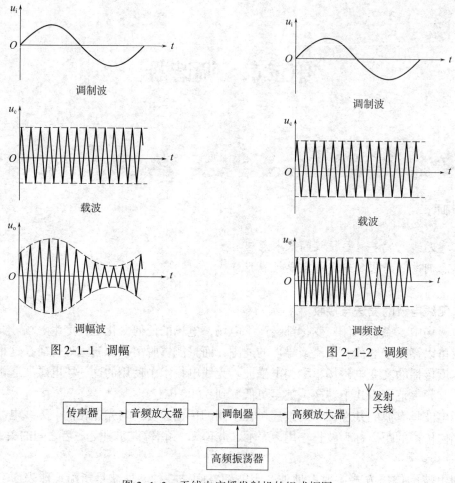

图 2-1-1　调幅

图 2-1-2　调频

图 2-1-3　无线电广播发射机的组成框图

在无线电广播的发射机中，首先声音经传声器转换为音频信号，经音频放大器放大后送入调制器，高频振荡器产生等幅、高频的振荡信号，并将其作为载波送入调制器，调制器用音频信号对载波进行幅度（或频率）调制形成调幅（或调频）波，再经高频放大器放大后送入发射天线向空间发射。

2. 无线电广播的接收

（1）超外差式调幅接收电路

超外差式调幅接收电路采用超外差式接收原理，由天线、输入电路、高频放大电路（高放电路，中低档机无此电路）、变频电路、中频放大电路（中放电路）、检波电路、自动增益控制（AGC）电路、激励放大电路、音频功率放大电路及扬声器组成，电路的组成框图和各部分的波形如图 2-1-4 所示。

1）输入电路。输入电路又称为输入调谐回路或选择电路，其作用是从天线上接收到的各种高频信号中选择出所需要的电台信号并送到变频级。

2）变频电路。变频电路又称为变频器，由本机振荡器和混频器组成，其作用是将输入电路选出的信号（载波频率为 f_s 的高频信号）与本机振荡器产生的振荡信号（频率为 f_r）在混频器中进行混频，得到一个固定频率（465 kHz）的中频信号。这个过程称为"变频"，它只是将信号的载波频率降低了，而信号的调制特性并没有改变，仍属于调幅波。由于混频管的非线性作用，f_s 与 f_r 在混频过程中产生的信号除原信号频率外，还有二次谐波及两个频率的和频、差频分量。其中差频分量（f_r-f_s）就是所需的中频信号，可以通过谐振回路将其选择出来。由于中频信号的频率是固定的，所以本机振荡信号的频率始终比接收到的外来信号频率高 465 kHz，"超外差"也由此得名。

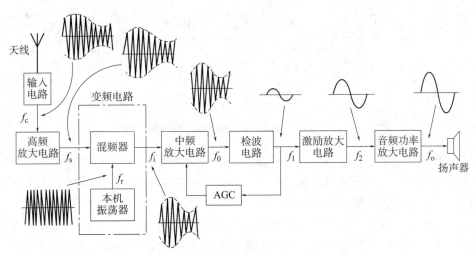

图 2-1-4　超外差式调幅接收电路的组成框图及各部分的波形

3）中频放大电路。中频放大电路又称为中频放大器，其作用是将变频电路送来的中频信号进行放大，一般采用变压器耦合的多级放大器。质量好的中频放大电路应具有较高的增益、足够的通频带和阻带（使通频带以外的频率全部衰减），以保证整机良好的灵敏度、选择性和频率响应特性。

4）检波电路。检波的作用是从中频调幅信号中取出音频信号，常用二极管来实现。由于二极管的单向导电性，中频调幅信号通过检波二极管后将得到包含多种频率成分的脉动电压，然后经滤波电路滤除不需要的成分，得到音频信号和直流分量。音频信号通过音量控制电位器送往音频放大器；直流分量与信号强弱成正比，可将其反馈至中频放大电路，实现自动增益控制。

5）音频功率放大电路。音频功率放大电路又称为音频放大器，它由低频电压放大器和功率放大器两部分组成。低频电压放大器应有足够的增益和频带宽度，同时要求其非线性失真和噪声要小。功率放大器用来对音频信号进行功率放大，用以推动扬声器还原声音，要求它的输出功率大、频率响应宽、效率高、非线性失真小。

（2）超外差式调频接收电路

超外差式调频接收电路根据结构和工作原理不同，分为单声道和双声道（立体声）两种形式。

单声道超外差式调频接收电路与超外差式调幅接收电路有许多相似之处，其组成框图如图 2-1-5 所示。天线接收各电台的调频信号，经输入电路初步选择出所需要电台的信号，然后将信号送到高频放大电路进行高频放大。放大的高频信号被送到变频电路，与本机振荡信号在混频器中混频，通过选频回路选出 10.7 MHz 的中频信号送至中频放大电路中进行放大。放大的中频信号经限幅器限幅后送至鉴频器解调出音频信号，最后经音频功率放大电路推动扬声器发出声音。

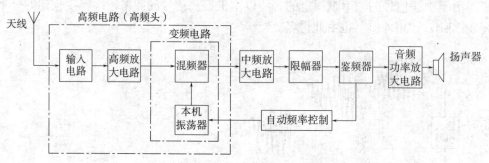

图 2-1-5　单声道超外差式调频接收电路的组成框图

注意，解调是指从高频已调波信号中取出调制信号的过程。根据不同的调制方式，解调分为检波和鉴频两种。检波是对调幅信号进行解调，对应的电路称为检波器；鉴频是对调频信号进行解调，对应的电路称为鉴频器。

图 2-1-6 所示为双声道超外差式调频接收电路的组成框图。双声道式的输入电路及高频放大电路、变频电路、中频放大电路、鉴频电路与单声道式相同。所不同的是，双声道式电路接收和处理的是立体声调频信号，需要设置立体声解码电路和两路音频放大系统，鉴频所得到的立体声复合信号经解码器分离出左、右两个声道的信号，分别送入两个音频放大电路进行放大，再推动两路扬声器实现立体声重放。

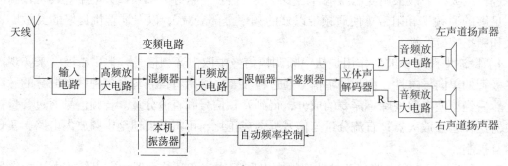

图 2-1-6　双声道超外差式调频接收电路的组成框图

二、调谐器的基本组成与主要性能指标

1. 调谐器的基本组成

调谐器的主要作用是接收广播电台发送的调幅广播和调频广播信号，并对其进行加工处理，得到音频信号，传送给功率放大器进行功率放大，由音箱还原成声音。

调谐器主要由调幅（中波 MW 和短波 SW）接收电路、调频接收电路及辅助电路三部分组成，其组成框图如图 2-1-7 所示。

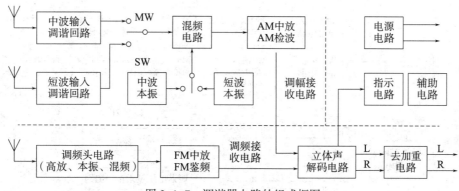

图 2-1-7　调谐器电路的组成框图

2. 调谐器的主要性能指标

（1）接收频率范围

接收频率范围也称为波段，是指调谐器所能收听到信号的频率范围。调谐器的波段越多，接收的频率范围越宽，收听到的电台也就越多。

（2）灵敏度

灵敏度是指调谐器正常工作时接收微弱无线电波的能力。灵敏度越高，调谐器能接收到的电台信号越微弱。

（3）选择性

选择性是指调谐器选择电台信号的能力，即调谐器分隔邻近电台信号的能力。选择性越好，调谐器的抗干扰能力越强。

（4）不失真输出功率

不失真输出功率是指调谐器在一定失真度以内的输出功率，其值越大，声音越响亮。

§2-2　数字调谐器

学习目标

1. 熟悉数字调谐器的基本组成、特点和工作过程。
2. 掌握立体声解码器的基本组成和工作原理。
3. 掌握锁相环频率合成器的基本组成和工作原理。

数字调谐器一般由收音通道电路和数字调谐控制电路两部分组成，各部分电路的分类如图 2-2-1 所示，其组成框图如图 2-2-2 所示。数字调谐器采用锁相环频率合成技术和微型计算机控制技术，用晶体振荡器作为本振频率的数字振荡源，用变容二极管代替各个调谐回路中的可变电容器，其具有自动搜索选台、记忆选台和数字频率显示等功能，调谐准确、工作稳定，可以实现多功能控制且操作方便，体积小、质量轻、可靠性高、使用寿命长。

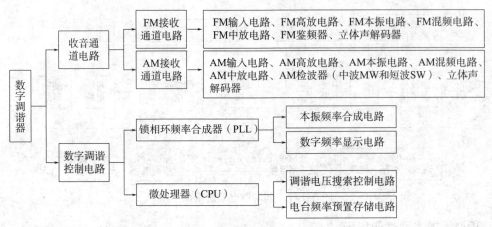

图 2-2-1　数字调谐器各部分电路的分类

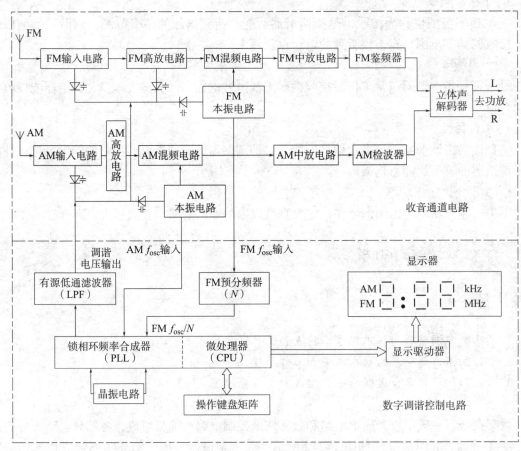

图 2-2-2　数字调谐器电路的组成框图

一、立体声解码器

1. 立体声解码电路的结构

目前集成电路的解码方式通常都采用开关式解码，这种解码方式不将主信号和副信号分开，而是直接用开关信号对立体声复合信号进行切换，解调出左、右声道信号。这种解码方式在对两路信号进行处理时采用同一个通道，左、右声道信号相位差和电平差较小，而且电路简单，所以被广泛采用。立体声解码电路的组成框图如图 2-2-3 所示。

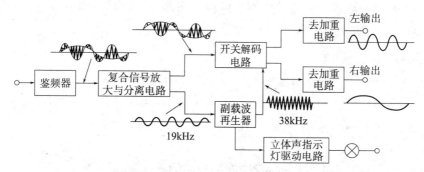

图 2-2-3　立体声解码电路的组成框图

2. 立体声解码电路的作用与特点

（1）立体声解码电路的作用

1）从鉴频器输出的立体声复合信号中分离出左、右声道的音频信号。

2）从鉴频器输出的立体声复合信号中取出导频信号，恢复 38 kHz 的副载波。

（2）立体声解码电路的特点

1）左、右声道信号的分离度高，平衡度好。

2）工作稳定。

3）外围电路简单，调整方便。

3. 立体声解码电路的工作原理

这里主要介绍立体声解码电路中开关解码电路和 38 kHz 副载波再生器的工作原理。

（1）开关解码电路

开关解码电路如图 2-2-4 所示。由导频制立体声复合信号的波形特点可知，对应于 38 kHz 副载波信号正、负峰值时的立体声复合信号同时包含左、右声道信号。当 38 kHz 副载波开关信号为正时，VT1 导通、VT2 截止，立体声复合信号 $u(t)$ 从开关管 VT1 的 c 极输出；当 38 kHz 副载波开关信号为负时，VT2 导通、VT1 截止，立体声复合信号 $u(t)$ 从开关管 VT2 的 c 极输出，即 VT1 只在 38 kHz 副载波开关信号正峰值时有输出，VT2 只在 38 kHz 副载波开关信号负峰值时有输出。输出的信号再经 RC 滤波电路滤波后得到左、右声道信号。

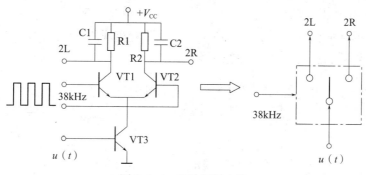

图 2-2-4　开关解码电路

（2）38 kHz 副载波再生器

1）锁相环式副载波再生器电路的组成。锁相环式副载波再生器电路是由正交相位比较器（鉴相器）、低通滤波器、直流放大器、压控振荡器、分频器等构成的闭合环路系统，其组成框图如图 2-2-5 所示。

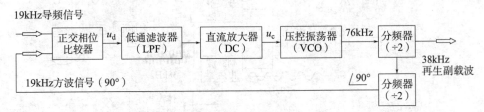

图 2-2-5　锁相环式副载波再生器电路的组成框图

锁相环式副载波再生器电路是在 19 kHz 导频信号的"导引"下，通过锁相环路锁定再生的 38 kHz 副载波（开关控制信号）的频率和相位，从而实现开关解码。

2）锁相环路的工作过程

①在未收到调频立体声广播时，无 19 kHz 导频信号送入锁相环路，压控振荡器 VCO 工作于自由振荡的固有频率 f_0（近似为 76 kHz），经两次分频后得到频率近似为 19 kHz 并移相 90° 的方波信号，将其送至正交相位比较器。正交相位比较器因只有这一路方波信号输入而不工作，也就无比较信号 u_d 输出，于是 VCO 仍处于自由振荡状态。

②当接收到调频立体声广播时，有 19 kHz 导频信号送入锁相环路。正交相位比较器将输入的 19 kHz 导频信号与上面得到的方波信号进行相位比较，产生一个与两信号相位差或频率差相关的误差电压 u_d，再经低通滤波、直流放大后形成直流控制电压 u_c，将其送至压控振荡器 VCO，VCO 在 u_c 的作用下，其振荡频率朝趋近 76 kHz 变化，直至输入到正交相位比较器的两个比较信号能基本上保持同频/正交关系，环路进入锁定（维持）状态。

③当环路锁定时，VCO 的振荡频率被锁定在 76 kHz，经第一分频器分频后输出的 38 kHz 方波信号与立体声复合信号中的副载波有较好的同频/同相关系，将它作为开关解码的开关控制信号，可显著减小再生副载波相位差对立体声分离度的影响。

二、锁相环频率合成器

数字调谐器是应用微处理器实现锁相环技术和频率合成技术的一种自动控制系统。

1. 锁相环电路

（1）锁相环电路的组成

锁相环电路的组成框图如图 2-2-6 所示。该电路能实现两个电信号相位的严格同步，主要由相位比较器、低通滤波器和压控振荡器组成。

图 2-2-6　锁相环电路的组成框图

（2）锁相环电路各组成部分的作用

1）相位比较器。相位比较器的作用是将输出信号频率 f_{osc} 和输入参考信号频率 f_r 的相位进行比较，产生对应于两个信号相位差的误差电压 u_d。

2）低通滤波器。低通滤波器用于滤除误差电压 u_d 中的高频成分和噪声，得到控制电压 u_c，以保证环路所必需的性能指标和整个环路的稳定性。

3）压控振荡器。压控振荡器的频率受控制电压 u_c 的控制，使输出信号频率 f_{osc} 向输入参考信号频率 f_r 靠近，使频率相差越来越小，直至频率差 $f_{osc}-f_r$ 消除而锁定。

（3）锁相环电路的工作过程

当 VCO 的中心频率 f_{osc} 等于输入参考信号频率 f_r 时，两个信号的相位差为零，相位比较器输出的误差电压 u_d 为零，低通滤波器输出的控制电压 u_c 也为零，从而保证了 VCO 的输出频率必然为其中心频率 f_{osc}。

当 VCO 的中心频率 f_{osc} 不等于 f_r 时，相位比较器输出的 u_d 不为零，低通滤波器输出的控制电压 u_c 也不为零，进而使 VCO 的中心频率朝着相位差消失的方向变化，以保证输出信号在频率和相位上与输入信号同步，从而达到锁定的目的。

2. 频率合成器

频率合成技术是指将一个基准频率（由晶体振荡器产生）变换为另一个或多个所需频率（本振频率）的技术，一般利用锁相环路来进行频率合成。

锁相环频率合成器电路的组成框图如图 2-2-7 所示，主要由晶体振荡器、微处理器、参考分频器（R 次分频）、可编程分频器（N 次分频，且 N 可变）以及锁相环部分的相位比较器（鉴相器）、低通滤波器和压控振荡器组成。锁相环的作用主要是使所合成的频率信号能与晶体振荡器同步。可编程分频器利用 N 次分频的可变（可控）性，可获得一系列离散的频率信号，从而满足音响系统数字调谐的需要。

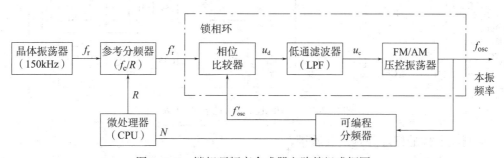

图 2-2-7　锁相环频率合成器电路的组成框图

实训　数字调谐收音机电路的装配与调试

实训目的

1.掌握数字调谐收音机的基本原理和电路分析方法。

2.能完成数字调谐收音机电路的装配与调试。

实训内容

分析并装配与调试 AM/FM 二波段收音机电路（图 2-2-8）。

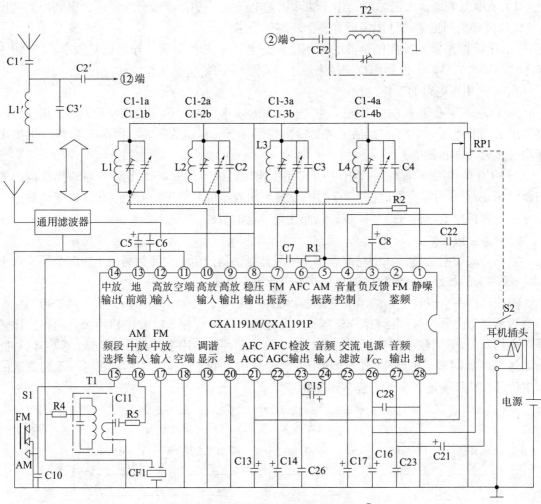

图 2-2-8　AM/FM 二波段收音机电路[①]

1. 检测元器件的好坏并判别其质量。

2. 独立完成各测试点的测量与整机的安装。

3. 排除在装配与调试过程中可能出现的问题与故障。

4. 所制作收音机的电气性能应能满足三级机水平，具体如下：

（1）接收频率范围：525～1 605 kHz（AM），72～108 MHz（FM）。

（2）接收灵敏度：AM 达国家 C 类标准，FM 优于 μV 级。

（3）输出功率：大于 100 mW。

（4）供电电源：3 V（DC）。

---

①本图为 AM/FM 二波段收音机电路的局部电路图，元器件标号不连续，本书类似电路不再说明。

（5）立体声耳机输出阻抗：32 Ω。

实训设备与工具

MF47 型指针式万用表、电烙铁、示波器、扫频仪。

实训步骤

一、收音机电路原理分析

本实训中的收音机是一种 AM/FM 二波段收音机，收音机电路主要由大规模集成电路 CXA1191M/CXA1191P 组成。由于集成电路内部无法制作电感、大电容和大电阻，因此，外围元件多以电感、电容和电阻为主，组成各种控制、供电、滤波等电路。

1. 调谐与变频

由于同一时间内的广播电台有很多，收音机天线接收到的不只是一个电台的信号，不过各电台发射的载波频率均不相同，收音机的选频回路通过调谐可改变自身的振荡频率，当振荡频率与某电台的载波频率相同时，即可选中该电台的无线信号，从而完成选台。选出的信号并不是立即被送到检波级，而是要进行频率的变换，利用本机振荡产生的频率与外部接收到的信号频率进行差频，输出固定的中频信号（AM 的中频为 465 kHz，FM 的中频为 10.7 MHz）。

图 2-2-8 所示的收音机电路中有四个 LC 调谐回路，C1-1a、C1-2a 属于调幅和调频波段的输入回路（选台回路），C1-3a、C1-4a 属于本机振荡回路。C1-1b、C1-2b、C1-3b 和 C1-4b 是与它们分别适配的微调电容，用作统调。与 Cl-1a 并联的电感 L1 为 AM（调幅）波段的线圈（绕在中波无线磁棒上）。C1-2a、L2 组成调频末级高放的负载选台回路。与 C1-3a、C1-4a 并联的 L3、L4 为振荡电感。与 L4 并联的电容 C4 为垫整电容，用以改善低频端的跟踪。S1 是波段开关，与集成电路内部的电子开关配合完成波段转换。以上元件与集成电路（IC）内部的有关电路一起构成调谐和本机振荡电路，变频功能由 IC 内部完成。

2. 中频放大与检波

将选台、变频后的中频调制信号送入中频放大电路进行放大，然后再进行检波，取出调制信号。

在图 2-2-8 所示的电路中，中频放大电路的特点是具有中周（中频变压器）调谐电路和中频陶瓷滤波器。IC 内部变频电路输出的中频信号从 14 脚输出，10.7 MHz 的调频中频信号经三端陶瓷滤波器 CF1 选出并送往 IC 的 17 脚，465 kHz 的调幅中频信号经 T1 中周选出并送往 IC 的 16 脚接线端，中频信号进入 IC 内部进行放大并检波。鉴频（调频检波）和调幅检波电路都在 IC 内部，检波电路的滤波电容因无法集成到 IC 内部而外接。C16 是检波电路中滤除中频载波的滤波电容。IC 的 23、24 脚之间的 C15 是检波信号经滤波耦合到音频输入端的耦合电容。2 脚接线端外接的 T2 是 FM 鉴频中周。

3. 低频放大与功率放大

解调后得到的音频信号经低频放大电路和功率放大电路放大后送到扬声器或耳机，完成电声转换。这部分电路大多是通过音量电位器的中心抽头输入。图 2-2-8 所示电路中 IC 的 3 脚和 4 脚以及 24~28 脚接线端内部都是低频放大电路。1 脚为静噪滤波，接有电容 C22。

3脚所接电容 C8 为功率放大电路的负反馈电容。4脚为音量控制端，外接音量控制电位器 RP1。25脚所接的电容 C17 为功率放大电路的自举电容，用来提高 OTL 功率放大器电路的输出动态范围。音频信号经 24 脚输入 IC 中进行电压放大和功率放大，放大后的音频信号从 27 脚输出，经 C21 耦合后送到扬声器或耳机发声。

4. 电源及其他电路

本机的电源部分由电池和与音量电位器联动的电源开关 S2 等组成。21脚所接的电容 C13 和 22 脚所接的电容 C14 是自动增益控制电路的滤波电容。此外，为了防止各部分电路的相互干扰，IC 内部各部分的电路都单独接地，并通过多个接线端与外电路的地相连接。

IC 内部还设有调谐高放电路，其目的是提高灵敏度。天线收到的调频电磁波经由 C1′、C2′、C3′ 和 L1′ 组成的选通滤波器进入高放，再进行混频。调幅部分则由天线磁棒接收电磁波，经 T2 的二次侧线圈 L1 进入变频电路。

二、收音机电路板的装配

1. 按表 2-2-1 的元器件清单准备电路元器件。

表 2-2-1　　　　　　　　　　　　　　　元器件清单

元器件	型号 / 规格	数量	用途	备注
电阻 R1	100 kΩ	1		1/4 W
电阻 R2	68 kΩ	1		1/4 W
电阻 R4	2.2 kΩ	1		1/4 W
电阻 R5	300 Ω	1		1/4 W
瓷片电容 C2	18 pF	1		
瓷片电容 C3	3 pF	1		
瓷片电容 C4	10 pF	1		
瓷片电容 C6、C10、C22	0.01 μF	各 1		
瓷片电容 C7	3 pF	1		
瓷片电容 C11	0.01 μF	1		
瓷片电容 C26	0.022 μF	1		
瓷片电容 C23、C28	0.1 μF	各 1		
瓷片电容 C1′、C2′、C3′	30 pF	各 1		
电解电容 C5	10 μF/50 V	1		
电解电容 C8	4.7 μF/50 V	1		
电解电容 C13	4.7 μF/50 V	1		
电解电容 C14	10 μF/50 V	1		
电解电容 C15	0.47 μF/50 V	1		
电解电容 C16	470 μF/10 V	1		
电解电容 C17	10 μF/50 V	1		
电解电容 C21	220 μF/50 V	1		
电感 L1	$\phi 4.5$ mm × 0.7 mm，3.5 T	1		

续表

元器件	型号 / 规格	数量	用途	备注
电感 L2	$\phi 4.5$ mm × 0.7 mm, 2.5 T	1		
电感 L3	$\phi 4.5$ mm × 0.6 mm, 4.5 T	1		
电感 L4	$\phi 4.5$ mm × 0.7 mm, 2.5 T	1		
磁棒	4 mm × 10 mm × 40 mm	1		
磁棒天线	100 : 32（圈数）	1		
中周 T1	AM 中频 10 mm × 10 mm × 12 mm	1		黄色
中周 T2	FM 中频 7.5 mm × 7.5 mm × 12 mm	1		粉红色
滤波器 CF1	10.7 M	1		
预调电容 CF2	100 pF	1		
电位器 RP1	12.5 ~ 50 kΩ	1	带开关 S2 的音量电位器	
开关 S1	2P2T	1		
四联电容	270 pF	1		
导线（长度）	10 cm	1	天线	蓝色
	6 cm	2	扬声器	红色、黑色
	4 cm	1	正电源	红色
	11 cm	1	负电源	黑色
	8 cm	1	波段转换	蓝色
塑料件	指针	1		
	刻度镜	1		
塑料件	调谐钮	1		
	音量钮	1		
	前盖	1		
	后盖	1		
	磁棒支架	1		
五金件	铆钉	4		
	电池正极片	1		
	电池负极片	1		
	电池正负极片	1		
	天线弯头	1		
螺钉	粗牙	1		

2.装配收音机电路板

印制电路板的装配是整机质量的关键，装配质量的好坏对收音机的性能有很大的影响。因此，对印制电路板装配的要求是：元器件装插正确，不能错插、漏插；焊点要光滑，无虚焊、假焊和连焊；在装插元器件时，要遵循元器件的装插原则。

三、收音机电路的调试

1. AM IF 中频调试

（1）仪器接线图（图 2-2-9）

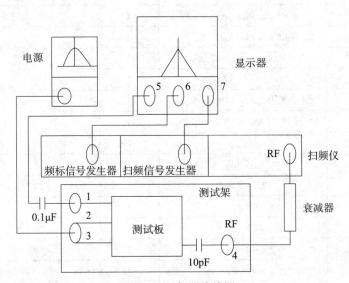

图 2-2-9　仪器接线图

1—检波输出　2、3—正负电源　4—RF 信号输入　5—检波输入（INPUT）
6—频标信号输入（PULSE INPUT）　7—水平信号输入（HOR INPUT）

扫频仪频标点频率为 450 kHz、455 kHz、460 kHz 或 460 kHz、465 kHz、470 kHz。

（2）测试点及信号的连接

1）正负电源端的连接。将电源端接测试架 2 脚和 3 脚，为测试板供电。

2）RF 射频信号输入端的连接。RF 射频信号由扫频仪输出后接到衰减器输入端，经衰减器衰减后输出，接到测试架上的 RF 输入端（4 脚），在测试架上再串联一个 10 pF 的瓷片电容，从电路中的变频输入端加入 RF 信号。

3）检波输出端的连接。在 IC 检波输出端串联一个 0.1 μF 的瓷片电容，然后接测试架的 1 脚，再与显示器的 5 脚连接，以观察波形。

（3）调试方法及调试标准

1）调试方法。打开收音机的电源开关，将波段开关切换到 AM 波段状态，调整中频中周 T1 的磁帽，使波形幅度达到最大，并以水平线 Y 轴为基准，观察波形左右两侧是否对称（正常应对称），以使增益最大、选择性最佳。AM IF 中频调试波形如图 2-2-10 所示。

2）调试标准。波形左右两侧基本对称，455 kHz 频率在波形顶端为最理想，偏差不超过 ±5 kHz。若无须调试中频，则以标准样机的波形幅度为参考，观察调试波形的幅度。正常情况下与标准样机的幅度偏差为 3~5 dB，一般在显示器上相差为一个方格。

图 2-2-10　AM IF 中频调试波形

2. FM IF 中频调试

仪器接线图、测试点及信号的连接和 AM IF 中频调试相同。扫频仪频标点频率为

10.6 MHz、10.7 MHz、10.8 MHz。

（1）调试方法

打开收音机的电源开关，将波段开关切换到 FM 波段状态，调整中频中周 T2 的磁帽，使波形幅度达到最大，并以水平线 X 轴为基准，观察波形上下两侧是否对称（正常应对称），以使增益最大、鉴频特性最佳。FM IF 中频调试波形如图 2-2-11 所示。

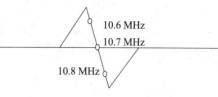

图 2-2-11　FM IF 中频调试波形

（2）调试标准

波形上下两侧基本对称，10.7 MHz 频率在波形的水平线上时增益最大，偏差不超过 ±0.1 MHz。若无须调试中频，则以标准样机的波形幅度为参考，观察调试波形的幅度。正常情况下与标准样机的幅度偏差为 3~5 dB，一般在显示器上相差为一个方格。

3. FM 覆盖及灵敏度调试

仪器接线图、测试点及信号的连接和 AM IF 中频调试相同。有所区别的是，RF 射频信号输入端串联瓷片电容后，与电路中的 FM 天线输入端相连接，而不是连接变频输入端。

扫频仪频标点频率为 86.5 MHz、90 MHz、98 MHz、106 MHz、108.8 MHz。

（1）覆盖调试

1）低端覆盖调试。打开收音机的电源开关，将波段开关切换到 FM 波段状态，调节振荡线圈 L3，使低端的频标点在波形 S 曲线上的任意一点，如图 2-2-12 所示。

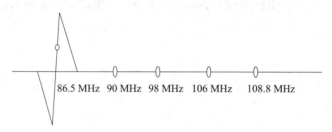

图 2-2-12　低端覆盖调试波形

2）高端覆盖调试。调节振荡微调电容 C1-3b，使高端的频标点在波形 S 曲线上的任意一点，如图 2-2-13 所示。

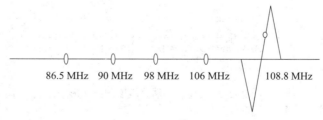

图 2-2-13　高端覆盖调试波形

3）高、低端覆盖调试。反复多次调整振荡线圈 L3 和振荡微调电容 C1-3b，直到低端 86.5 MHz 和高端 108.8 MHz 的频标点在波形 S 曲线上的任意一点，如图 2-2-14 所示。

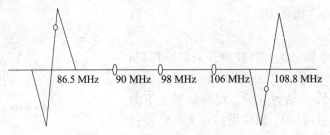

图 2-2-14　高、低端覆盖调试波形

（2）灵敏度调试

1）低端灵敏度调试。使波形 S 曲线位于 90 MHz 的频标点处，细调输入回路中的灵敏度线圈 L1，使 90 MHz 的波形幅度达到最大，如图 2-2-15 所示。

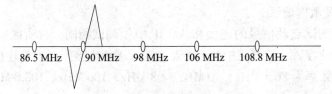

图 2-2-15　低端灵敏度调试波形

2）高端灵敏度调试。使波形 S 曲线位于 106 MHz 的频标点处，细调输入回路中的灵敏度微调电容 C1-1a，使 106 MHz 的波形幅度达到最大，如图 2-2-16 所示。

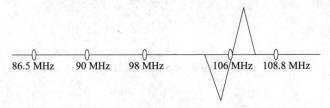

图 2-2-16　高端灵敏度调试波形

3）高、低端灵敏度调试。反复多次调整输入回路中的灵敏度线圈 L1 和灵敏度微调电容 C1-1a，直到高、低端灵敏度的波形幅度均达到最大，如图 2-2-17 所示。

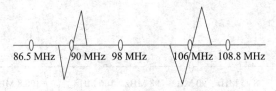

图 2-2-17　高、低端灵敏度调试波形

思考与练习

1. 简述调制、调幅与调频的定义。

2. 变频器由哪几部分组成？各部分的作用是什么？

3.简述中频放大器的作用。

4.简述解调、检波、鉴频的定义。

5.简述超外差式调幅接收电路与调频接收电路的异同。

6.试画出超外差式调幅接收电路的组成框图，并说明各组成部分的作用。

7.试画出单声道超外差式调频接收电路的组成框图，并说明各组成部分的作用。

8.立体声解码器的作用是什么？

9.数字调谐器有哪些特点？

第三章 传声器件

§3-1 传声器概述

学习目标

1. 熟悉传声器的分类。
2. 熟悉传声器的结构与工作原理。
3. 熟悉传声器的主要技术指标。

传声器又叫话筒、拾音器或麦克风（MIC）。它是一种拾音设备，是接收声波并将其转变成对应电信号的声电转换器件。不管什么类型的传声器，都有一个受声波压力而振动的振膜，将声能转换成机械能，然后再通过一定的方式把机械能转换成电能。这种能量变换特性的好坏可以用传声器的灵敏度、频率响应、信噪比等指标来衡量。

一、传声器的分类

传声器根据不同的分类方式，有不同的类别，具体见表 3-1-1。

表 3-1-1 传声器的分类

分类方式	类别
按换能原理分	电动式传声器（动圈式、铝带式）、静电式传声器（电容式、驻极体式）、压电式传声器（陶瓷式、晶体式、高聚合物式）、半导体式传声器、电磁式传声器、炭粒式传声器
按声学工作原理分	压强式传声器、压差式传声器、组合式传声器、线列式传声器、抛物线式传声器
按接收声波的指向性分	全向传声器、单向心形传声器、单向超指向传声器、双向传声器、可变指向传声器
按输出阻抗分	低阻抗传声器（200~600 Ω）、高阻抗传声器（20~50 kΩ）
按用途分	无线传声器、近讲传声器、佩戴式传声器、颈挂式传声器、立体声传声器、会议传声器、录音传声器、测量传声器等

二、传声器的结构与工作原理

常用的传声器有动圈式和驻极体式，下面以这两类为例介绍其结构与工作原理。

1. 动圈式传声器

（1）动圈式传声器的结构

目前通用的电动式传声器绝大多数都是动圈式传声器。这种传声器具有结构简单、性能稳定、使用方便、固有噪声低等特点，被广泛应用于语音广播和扩声中。动圈式传声器的结构如图 3-1-1 所示，主要由音圈、振膜、保护罩、永久磁铁、升压变压器及外壳等组成。

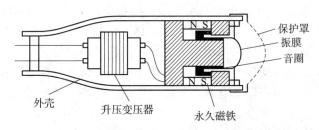

图 3-1-1　动圈式传声器的结构

（2）动圈式传声器的工作原理

动圈式传声器的工作原理为：当声波使振膜振动时，振膜带动音圈使其在磁场中振动，音圈切割磁力线，从而在其两端产生音频感应电压，这个音频感应电压代表了声波的信息，从而实现了声电转换。

2. 驻极体式传声器

（1）驻极体式传声器的结构

驻极体式传声器又称为自极化电容传声器或预极化电容传声器。这类传声器的结构与一般的电容式传声器很相似，不同的是，它所使用的振膜和固定极板的材料中存储着永久性电荷，这样可以省去一般的电容式传声器所必需的极化电压，使传声器的体积和质量明显减小。

驻极体式传声器的结构如图 3-1-2a 所示，主要由驻极体薄膜、金属电极、场效应管、信号引出线、绝缘衬圈及金属外壳组成。

（2）驻极体式传声器的工作原理

驻极体式传声器的工作电路如图 3-1-2b 所示。由于驻极体薄膜的金属层与背极面的金属电极上在生产制造时已预先注入一定量的自由电荷 Q，因此，当声波激励而使驻极体薄膜振动时，电容器的容量就会变化，电容器上的电压也就随之改变，在电容器的输出端产生与

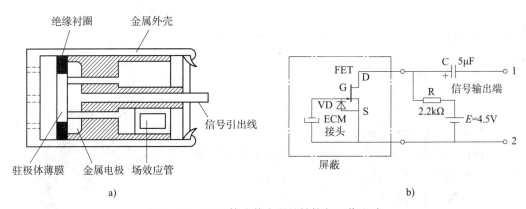

图 3-1-2　驻极体式传声器的结构与工作电路

a）结构　b）工作电路

声波相对应的交变电压信号，从而实现声能与电能的转换。但这种信号无法直接输出，必须通过场效应管组成的预放大器进行阻抗变换后才能连接负载。低噪声的场效应管具有极高的输入阻抗，栅极 G 与源极 S 之间为开路状态，漏极电流 I_D 的大小受栅源电压 U_{GS} 的控制，这样通过负载电阻 R 就可以转变为输出信号。负载电阻 R 既可以接在场效应管的源极，又可以接在场效应管的漏极，对应的输出端为源极输出端和漏极输出端。驻极体式传声器不需要极化电压，与一般的电容式传声器相比，简化了电路，但用作阻抗变换的场效应管放大器仍需外部供电。驻极体式传声器具有频率特性好、信噪比高、价格低廉、体积小、质量轻等特点，大量应用于盒式及微型录音机中。

三、传声器的主要技术指标

传声器的主要技术指标有灵敏度、频率响应、输出阻抗、方向性、信噪比及动态范围等，具体见表 3–1–2。

表 3–1–2　　　　　　　　　　　　传声器的主要技术指标

技术指标	说明
灵敏度	灵敏度表示传声器的声电转换效率，它规定为传声器的开路电压与作用在其膜片上的声压之比，单位为伏／帕（V/Pa）
频率响应	频率响应是指在某一恒定的声压下，不同频率时所测得的输出信号电压值
输出阻抗	输出阻抗即传声器的交流阻抗，通常在频率为 1 kHz、声压为 1 Pa 时测得。一般规定输出阻抗在 1 kΩ 以下为低阻抗，大于 1 kΩ 为高阻抗
方向性	方向性是指传声器的灵敏度随声源空间位置的改变而变化的特性
信噪比	信噪比用传声器输出信号电压与内在噪声电压比值的对数值来衡量
动态范围	动态范围是指传声器在谐波失真为某一规定值（一般规定≤0.5%）时所承受的最大声压级与传声器的等效噪声级的差值

§3–2　有线传声器

学习目标

1. 熟悉有线传声器的基本组成。
2. 掌握有线传声器性能的检测方法。

一、有线传声器的基本组成

有线传声器的外形如图 3–2–1 所示，这种传声器主要由前级低噪声放大电路和远距离幻象供电电路组成。

1. 前级低噪声放大电路

由于传声器极头产生的信号很微弱，必须通过前级低噪声放大电路进行放大。当信号幅度很小时，噪声成为主

图 3–2–1　有线传声器

要部分，若混音器中的一路或多路信号产生噪声，将对系统产生严重的影响，因此，有线传声器中的信号也必须通过前级低噪声放大电路进行静噪处理。下面主要介绍场效应管前置放大电路和基于 TLV1018 的传声器放大电路两种常用的前级低噪声放大电路。

（1）场效应管前置放大电路

图 3-2-2 所示为场效应管前置放大电路，电源为 48 V，采用幻象供电方式，经 R3 和极化电阻 R9 加到传声器电容极板上。当传声器受到声波作用时，其感应的电信号经 C1、R8 加到场效应管栅极上。场效应管接成源极跟随器形式，起阻抗变换作用，变换成源极低阻抗输出，然后经变压器耦合输出。图中的电阻 R5、R6 是分压电阻。C2 是正反馈电容，用以提高放大电路的输入阻抗。

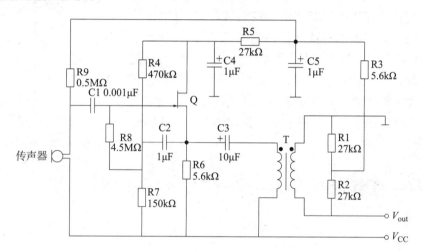

图 3-2-2　场效应管前置放大电路

（2）基于 TLV1018 的传声器放大电路

基于 TLV1018 的传声器放大电路功能强大，将其置于驻极体式传声器中，只需要很少的外围元件即可实现相应的功能，其电路如图 3-2-3 所示。电路由 1.7～5 V 直流供电，可达到固定增益 15～25 dB。

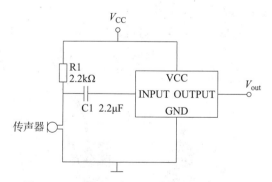

图 3-2-3　基于 TLV1018 的传声器放大电路

2. 远距离幻象供电电路

有线传声器电路的电源都由信号线携带供给，但是在传送电源时并不对信号传送造成干扰，这样的供电方式称为幻象供电。有线传声器一般采用如图 3-2-4 所示的远距离幻象供电电路，它由一个低阻抗直流电源供电。6 300 Ω 电阻的作用是防止幻象电源自身短路和各通道的输入信号被幻象电源短路，并使各通道之间的信号交叉干扰保持在最低水平（2 脚和 3 脚之间没有电位差，有线传声器可以安全地插入该供电电路而不会产生不利影响）。

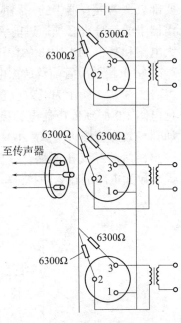

二、有线传声器性能的检测方法

有线传声器的性能检测主要是指其灵敏度的检测。在检测时，先将模拟式万用表拨至 $R \times 100$ 挡，两表笔分别接传声器的两电极（注意不能错接到传声器的接地极），待万用表显示一定数值后，用嘴对准传声器轻轻吹气（吹气速度慢而均匀），边吹气边观察表针的摆动幅度。吹气的瞬间表针摆动幅度越大，传声器的灵敏度就越高，送话、录音效果就越好；若表针摆动幅度不大（微动）或根本不摆动，说明传声器的性能较差，不宜使用。

图 3-2-4　远距离幻象供电电路

§3-3　无线传声器

学习目标

1. 熟悉无线传声器的基本组成及工作原理。
2. 掌握无线传声器性能的检测方法。

无线传声器是通过无线电波传输声音信号的设备，广泛用于扩声系统，它包括发射机和接收机两种单机，涉及无线电发送系统和无线电接收系统。

一、无线传声器的基本组成及工作原理

无线传声器是由无线传声头、便携式发射机、接收机等组成，图 3-3-1 所示为一套完整的无线传声器系统。无线传声器系统是射频和音频电子设备高度专业化的集成系统，它代替了传统的用于连接传声头到音频设备的线缆，更有利于拾音工作。

图 3-3-1　无线传声器系统

1. 无线传声器发射机的基本组成

无线传声器发射机由传声器、低噪声音频放大器、振荡器、调制器、倍频器、高频功率放大器、天线和电源组成，其组成框图如图 3-3-2 所示。

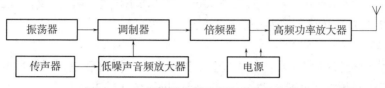

图 3-3-2 无线传声器发射机的组成框图

（1）传声器

传声器是一个声电转换器件，拾取声场里的声音信号，并把声音信号转换成电信号。无线传声器发射机多采用驻极体式传声器，要求传声器能不失真地拾取声音信号，进行线性声电转换。驻极体式传声器的灵敏度为 6 ~ 10 mV/Pa。

（2）低噪声音频放大器

由于传声器产生的信号很微弱，必须通过低噪声音频放大器进行放大，图 3-3-3 所示为低噪声音频放大电路。该电路使用美国 PMI 公司的 MAT02 三极管作为传声器的低噪声音频放大器，可以与各种输出阻抗的传声器匹配，其增益为 20 dB（10 倍）或 23.5 dB（15 倍），由开关 S1 选择。两级前置放大器采用直接耦合的方式，同时具有级间负反馈。输入级的集电极电流很小，以减小噪声。电路供电电压为 9 V。当增益为 23.5 dB 时，输出阻抗约为 70 Ω，电流约为 2.5 mA。

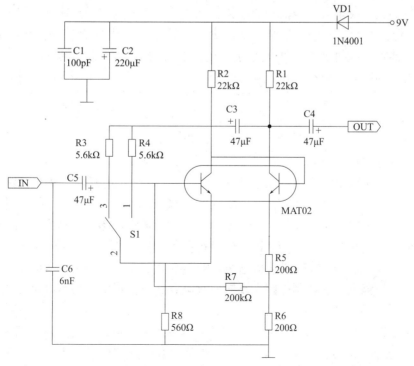

图 3-3-3 低噪声音频放大电路

（3）振荡器

无线传声器信号发射与接收都需要精确、稳定的振荡器，以产生所需的载波和本振信号。振荡器按波形不同，可分为正弦波振荡器和非正弦波振荡器；按构成振荡器有源器件的特性和产生振荡的原理不同，可分为反馈式振荡器和负阻式振荡器。反馈式振荡器中的 LC 三点式正弦波振荡器在传声器电路中应用广泛。

（4）调制器

调制器的作用是将信号波承载在电波上并传送出去，即将载波利用信号波加以变形，然后传送出去。FM 调频方式就是将载波频率改变后进行传送的方式。

（5）倍频器

在电子电路中，主振频率一般都远低于射频，如果主振频率与射频一样高，用石英晶体控制振荡器时，对石英晶体的制作工艺要求非常苛刻，增加了制作工艺的难度。因为石英晶体控制的频率越高，要求晶体切片越薄，工艺制作难度就越大，而且由于石英晶体晶格的各向异性造成晶格易断开、碎裂的特点，晶体切片越薄，其强度越差，尤其无线传声器发射机是随身携带的，移动性强，易发生振动，晶体切片更易碎裂。因此，任何无线传声器发射机中都必须使用倍频器，将振荡频率提高到与射频相当，以便发送。

（6）高频功率放大器

高频功率放大器的作用主要是对高频信号进行功率放大。美国联邦通信委员会（FCC）规定了无线传声器发射机的最大可输出功率。例如，在 174～216 MHz VHF 频段中，发射机最大可输出功率为 50 mW；在 UHF 频段中，发射机最大可输出功率为 250 mW。

（7）天线

载波信号的频率决定着无线信号的波长。无线信号和光以同样的速度传播，如果将无线信号在 1 s 内传播的距离按照载波频点加以划分，就能得到载波频率一个周期的实际长度。绝大多数无线传声器发射机和接收机使用"四分之一波长"作为天线的长度。

发射机天线的种类主要有腰包式发射机用天线、手持式发射机用天线和外接插式发射机用天线。

（8）电源

电源的作用是给无线传声器发射机内部电路提供工作电源。

2. 无线传声器典型发射电路分析

Macsot MR-700 型无线传声器系统由发射单元和接收单元组成，具有两路无线信息通道，一路的工作频率为 216.4 MHz，另一路的工作频率为 240.6 MHz。每路通道分别配一个接收器接收，在使用时，接收器输出音频信号，经功率放大电路放大后推动扬声器发声。这里以其中一个通道的领夹式无线传声器为例进行分析。

Macsot MR-700 型无线传声器发射电路如图 3-3-4 所示，其主要由音频信号的压缩与扩展电路、放大与压缩电路、调制电路、高频放大电路、电池低电压指示电路组成。

（1）音频信号的压缩与扩展电路

为了减小音频信号在调制和解调过程中的失真和噪声，该无线传声器系统采用了音频压缩与扩展集成电路 NE571。该集成电路为 16 脚双列直插封装，其中集成了两套功能完全相同的电路，通过改变外围电路，既可用于音频压缩，又可用于音频扩展。

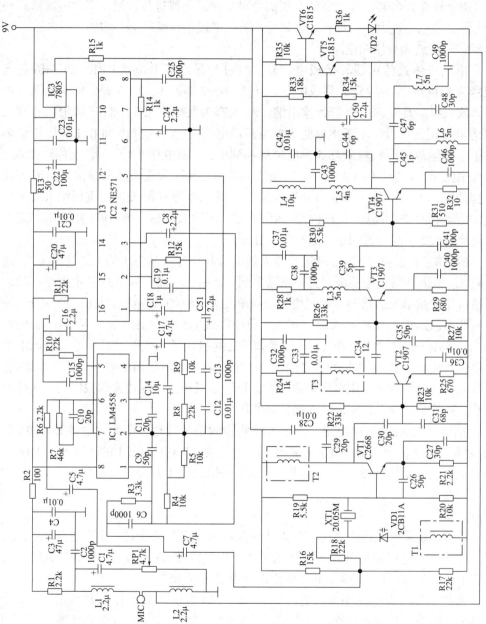

图 3-3-4　Macsot MR-700 型无线传声器发射电路 ①

① 本书的部分电路图采用产品说明书中的原图。电阻值 1 表示 1 Ω，1 k 表示 1 kΩ……电容值 1 p 表示 1 pF，1 μ 表示 1 μF……电感值 1 μ 表示 1 μH，1 n 表示 1 nH……

NE571 各引脚的功能为：1、16 脚接整流器电容器，2、15 脚为整流器输入端，3、14 脚为可变增益单元输入，4 脚为接地端，13 脚接电源正极，5、12 脚为反相输入端，6、11 脚接反馈电阻，7、10 脚为信号输出端，8、9 脚为失真调整端。

音频信号的压缩与扩展就是降低与提升音频信号的动态范围。在电路的发射单元中，首先对音频信号进行压缩，再利用压缩后的音频信号对高频振荡器进行调制。高频振荡器有一个最佳调制电平，若电平过大，会导致调制失真；若电平过小，噪声又会增加。

（2）音频信号的放大与压缩电路

音频信号由驻极体式传声器转换成电信号，经过音量调节电位器 RP1、C5、R6 送入 IC1。IC1 型号为 LM4558，为双运放集成电路，其 5、6、7 脚及 1、2、3 脚分别构成第一级和第二级运算放大器，其中，1、7 脚为输出端，2、6 脚为反相输入端，3、5 脚为同相输入端，8、4 脚为电源正、负极。由于本电路为单电源供电，因此，由 R10 和 R11 分压构成偏置电路，将第一级运放的同相输入端 5 脚电位提高到 1/2 电源电压（4.5 V），这使输出端 7 脚的静态电位也为 1/2 电源电压（4.5 V），以保证音频信号从 7 脚无失真地输出。C15、C16 用来稳定 5 脚的静态电压。从 7 脚输出的已放大的音频信号通过两级预加重网络 R9、C13 及 R8、C12 对音频信号中的高频部分进行预加重处理，再输入到第二级运放的反相输入端 2 脚，第二级运放与 IC2 一起对音频信号进行压缩处理。

音频信号的压缩过程为：经第二级运放放大后的音频信号（从 IC1 的 1 脚输出），一路通过 R3、C6、C7 输出到高频振荡级，另一路输出到 IC2 的 2、3 脚。IC2 内部电路根据输入信号电平调整可变增益单元的增益，经过可变增益单元处理后的音频信号从 IC2 的 5 脚（该脚也是 IC2 内部附加运放的反相输入端，在本电路中附加运放未利用）输出到 IC1 的 2 脚。这一过程相当于在 IC1 的 1 脚和 2 脚（IC2 的 5 脚）之间接了一个等效反馈电阻，该电阻阻值的大小随输入到 IC2 的 2、3 脚的电平而改变。电平增大，电阻阻值减小，负反馈增大，电压放大倍数减小；电平减小，则电阻阻值增大，负反馈减小，电压放大倍数增大。这样就提升了低电平，降低了高电平，实现了音频信号的压缩。

R4、R5 为第二级运放的反馈电阻，由于 C14 将音频信号接地，因此，通过 R4、R5 的只有直流负反馈，无交流负反馈。IC2 的 8 脚（电平约为 1.8 V）与 IC1 的 3 脚通过 R14 相连，为 IC1 的 3 脚提供了静态偏置电压，使该级运放的输出端 1 脚静态电压约为 4 V，同时又减小了信号失真。

（3）调制电路

该无线传声器系统采用了改进型电容三点式振荡器（克拉普振荡器）作为调制电路，由 VT1 及外围元件构成。电路采用基频石英晶体 XT1（频率为 20.05 MHz）作为稳频元件，频率稳定度大于 10^{-5}（而 LC 自激振荡器的频率稳定度很难达到 10^{-4}）。

其中，石英晶体 XT1 在电路中等效为一个电感；变容二极管 VD1 作为调频元件反向接入电路，其结电容随反向偏压而改变，反向偏压减小时，结电容增大，反向偏压增大时，结电容减小；R16、R17 为 VD1 提供静态偏置电压，使其工作在最佳工作点上；R18 可以防止高频与音频信号之间的相互干扰；中周 T1 使调制电路中的等效电感增大，调频波的调制频偏也随之增大，但 T1 使振荡器的频率稳定度下降，因此，T1 的电感值不宜过大，一般在 5 μH 以下。此外，T1 也用来对振荡器的频率进行微调。VT1 的输出回路（包括 VT1 的输出电容、T2、C29、C30、C31 及 VT2 的输入电容）调谐于 60.15 MHz。为了使振荡器的频率稳定，本级采用了稳压供电。

（4）高频放大电路

高频放大电路由 VT2、VT3、VT4 组成，其中 VT2 的输出回路调谐于 120.3 MHz，VT3、VT4 的输出回路调谐于 240.6 MHz。之所以将各放大级调谐于不同的频率，主要是为了防止高频自激，使各放大级工作更加稳定。C31、C35、C41 的主要作用是调节各输入、输出级的阻抗，使其相匹配，同时也可以对工作频率以上的高次谐波进行滤波。VT4 采用双调谐回路，用来降低杂波输出。C47、C48 用来实现发射天线与输出电路之间的阻抗匹配。L7与 C49 及分布电容 C45、C47、C48 组成串联谐振输出回路。输出级 VT4 工作于丙类放大状态，一方面可以提高发射效率，另一方面也可以使电池电压降低时无射频信号输出。在领夹式无线传声器中，发射器与驻极体式传声器之间的软线既用来传送音频信号，又用来传送高频信号，起到了发射天线的作用。为了防止高频信号对地短路，在屏蔽网与地之间接入了电感 L2。

（5）电池低电压指示电路

当电池电压低于某一数值时，VT5 截止，VT6 导通，发光二极管 VD2 点亮，提示用户更换电池。

3. 无线传声器接收机的基本组成

无线传声器接收机有单通道接收机和分集接收机两种形式，主要由接收机前级电路、射频混频器、中频滤波器、调幅抑制器、调频解调电路、音频静默电路和接收天线组成。

（1）接收机前级电路

接收机前级电路是一个以无线系统载波频率工作的带状滤波器，其作用是过滤掉在工作频点通道以外的高频射频信号并提供强大的"镜像及衍生频率干扰抑制"功能。前级电路可用低成本线圈构成简单的过滤器，或为提高性能，使用螺旋形谐振器和可调节式陶瓷谐振器。

（2）射频混频器

射频混频器把接收到的射频信号和振荡器信号相结合，产生叠加信号和差频信号（差频信号位于理想的中频频点上）。射频混频器在产生理想的叠加信号和差频信号时，还会衍生出许多"伪信号"，通常称这些"伪信号"为谐波。如果谐波信号发生在靠近接收机中频频点处，中频滤波器通常无法抑制这类谐波，从而在最终音频输出时造成失真并伴有噪声。品质好的射频混频器只产生一个叠加信号和差频信号，而没有谐波。

（3）中频滤波器

在选择音响接收机时参考的性能指标中，中频滤波器的性能指标最为重要。标准的多级陶瓷中频滤波器提供了约 300 kHz 的带宽，石英晶体中频滤波器只提供 45～50 kHz 的带宽。在中频阶段，滤波器的带宽越窄越好。

目前广泛应用在接收机上的滤波器是 SAW 滤波器（声表面波滤波器）。这种滤波器在石英或其他压电材质上将表面波射频能量从输入端传输到输出端，并在表面通过叉指形转换器的精确间隙而使某些频率通过，同时过滤掉其他频率。SAW 滤波器具有工作频率高、通频带宽、选频特性好、体积小等特点。

（4）调幅抑制器

改善接收机调幅抑制的主要方法是在解调电路之前做限幅处理。

限幅器的作用是去除调频信号中的寄生调幅，提供恒定幅度的调频输出，即限幅器只把调频波的幅度"削平"，不改变原信号中的频率变化规律。因此，在限幅之后，就可以把信号送到鉴频器，以恢复其音频成分。

（5）调频解调电路

接收机中的调频解调电路是一种将调频无线电信号转换成音频信号的电路。不同制造厂商使用不同的调频解调电路，但在无线传声器接收机中的所有调频解调电路都可以分为求积式调频解调电路和脉冲计数器式调频解调电路两大类。

（6）音频静默电路

无线传声器接收机的音频部分必须提供超低噪声增益，同时将失真降低到最低限度，其音频部分的电路与普通接收机的音频电路类似，有所区别的是，无线传声器接收机通常需要使用静默技术。当发射机关闭时，可以利用高频噪声来控制静默阈值，从而使接收机静默。导频信号控制的静默系统通常使用发射机产生的连续超声波导频信号来控制接收机的音频输出，接收机对导频信号必须比对射频载波信号更加敏感，这样，当射频载波信号很弱，但仍可以产生可用的音频信号时，可以避免意外的静默。

（7）接收天线

根据使用场合不同，无线传声器接收机可选用不同性能的天线，主要有1/4波长天线、螺旋式天线、接地平面式天线、同轴式天线、偶极子式天线和鲨鱼鳍天线等。

4. 无线传声器典型接收电路分析

Macsot MR-700型无线传声器接收电路如图3-3-5所示，其电路原理如下：

（1）调频放大器及混频放大器

天线接收到的高频信号经过L8、VC1及L9、VC2、C56双调谐后，送入IC4的1脚。IC4为高频放大及混频专用集成电路，各管脚的功能为：1脚为射频输入，2脚为高频旁路，3脚为高频（240.6 MHz）选频电路，4脚为中频（10.7 MHz）选频电路，5脚接地，6脚为混频电路，7、8脚为本振回路，9脚接电源正极。从6脚输出的中频信号经过10.7 MHz陶瓷滤波器XT2滤波后，送入VT7进行放大，放大后经两极10.7 MHz陶瓷滤波器XT3、XT4滤波后送入IC5的1脚。

（2）本机振荡电路

本机振荡电路由VT8及外围元件构成，这里采用了改进型电容三点式振荡器，以泛音晶体XT6（频率为57.475 MHz）为稳频元件，T5、C74谐振于晶体频率的3倍频229.9 MHz（与发射单元的发射频率240.6 MHz差频为10.7 MHz），通过VT9放大后，再由C79输出到IC4的本振输入8脚。

（3）中频放大及鉴频电路

IC5为中频放大及鉴频专用集成电路，各管脚的功能为：1脚为中频输入，2脚外接旁路电容，3脚外接限幅器，4脚接地，5、12脚为静噪控制，6脚为音频信号输出，7脚为AFC（自动频率控制）电压输出，8脚内接正交限幅电路，9、10脚外接鉴频电路，11脚接电源正极，13脚为电平表信号驱动（在本电路中用于音频静噪及射频信号指示），14脚接

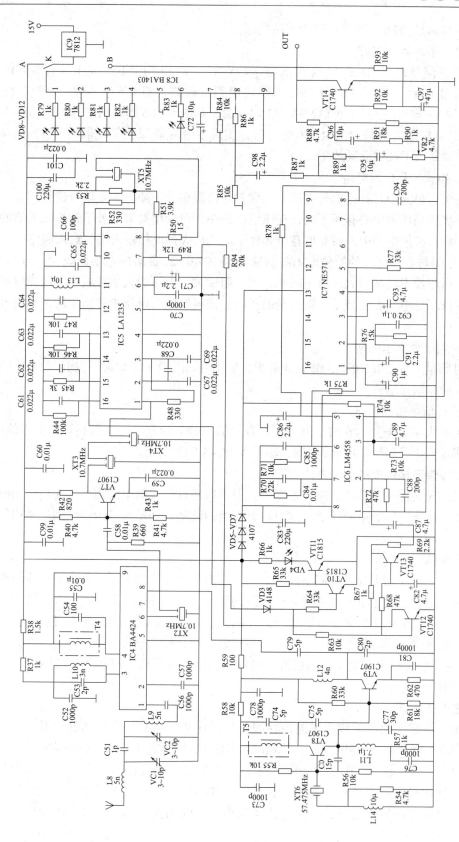

图 3-3-5 Macsot MR-700 型无线传声器接收电路

地，15 脚内接减法电路，16 脚内接施密特电路。

（4）音频静噪控制电路

当有射频信号时，IC5 的 13 脚为低电平，VT12、VT13 均截止，从 IC5 的 6 脚输出的音频信号通过 C71、R67、R69、VT13、C87 输出到音频放大级 IC6 的 2 脚；当没有射频信号时，IC5 的 13 脚为高电平，VT12、VT13 均导通，从 IC5 的 6 脚输出的噪声信号被 VT12、VT13 短路，无法送入音频放大级 IC6 的 2 脚，实现了音频静噪功能（采用 VT12、VT13 两级静噪，主要是为了加强静噪效果）。

（5）音频放大及扩展电路

由于在发射单元中对音频信号进行了压缩，在接收单元中要对音频信号进行扩展，还原音频信号。扩展与压缩电路有所不同，在压缩电路中，可变增益单元处于运算放大器的负反馈回路中，而在扩展电路中，可变增益单元处于运算放大器反相输入端的输入回路中。

IC6 的 1 脚与 6 脚之间的等效电阻随着输入到 IC7 第 2、3 脚的电平而改变，电平增大，电阻减小，电压放大倍数增大；电平减小，则电阻增大，电压放大倍数减小。这样就提升了高电平，降低了低电平，实现了音频信号的扩展，使得在发射电路中被压缩的音频信号得以还原。

（6）射频信号指示电路

当有射频信号时，IC5 的 13 脚为低电平，VT10 截止，VT11 导通，发光二极管 VD4 发光，提示有射频信号输入。

（7）音频信号指示电路

从音频放大集成电路 IC6 的 7 脚输出的音频信号分为两路，一路送到音频信号输出端，另一路送到音频信号显示集成电路 IC8，驱动 VD8 ~ VD12 发光。

二、无线传声器性能的检测方法

尽管操作无线传声器系统有时会很复杂，但可以通过一些简单的测试（无须专用测试设备）来了解无线传声器的主要性能。这里主要介绍钥匙测试和低频敲击测试两种常用的测试方法。

1. 钥匙测试

钥匙测试多被高端无线设备制造商所采用，它能展示无线传声器处理高频段音频瞬变的过程，同时能反映出整个系统中音频处理链路的质量。其具体操作为：在无线系统中接一副可在高声压级（150 dB）时完全屏蔽啸叫的耳机或一套音频系统，按照平时说话的音量设置发射机上的输入增益，将钥匙串靠近传声器并轻轻摇动，使其发出"叮当"声，距离传声器 0.3 m 左右时，一边摇动钥匙串一边慢慢远离传声器，直到距离传声器 2.4 ~ 3 m 时，倾听从接收机中传出的音频。

2. 低频敲击测试

低频敲击测试反映了无线系统的内在固有信噪比和压缩扩展器处理低频音频信号的质量。内在固有信噪比是指无线传声器本身在经过压缩扩展器优化处理之前的信噪比指标。该项测试需要在一个背景噪声极小的环境中进行。可通过把发射机和传声器放在与接收机不同的房间里或使用高度隔离耳机来监听接收机的音频输出两种方式进行测试。但无论采用哪种方式，总会在传声器附近听到一定的背景噪声，足够高强度的背景噪声将会使本项测试无效。

其具体操作为：以正常的声音强度设置系统，然后将发射机和传声器放在桌子或柜台上，轻轻敲击桌面（通过这种方式在传声器周围产生一个低强度、低频的敲击声，来启动无线系统上的压缩扩展器）。改变敲击的力度，尝试找到一个能启动压缩扩展器的尽可能低的声音强度，同时听接收机输出的音频信号。

思考与练习

1. 简述传声器在音响系统中的作用。
2. 常用的传声器有哪几种？
3. 简述动圈式传声器的工作原理。
4. 简述驻极体式传声器的工作原理。
5. 什么叫幻象供电方式？
6. 简述有线传声器的基本组成及各组成部分的作用。
7. 简述无线传声器的基本组成及各组成部分的作用。

第四章 音频信号处理设备

§4-1 音频信号处理设备概述

学习目标

1. 了解常见音频信号处理设备的基本概念。
2. 熟悉常见的音频信号处理设备。

一、音频信号处理设备的基本概念

音频信号处理设备是指在音响系统中对音频信号进行修饰和加工处理的部件、装置或设备，是现代音响系统中必不可少的重要组成部分。它既可以是扩音机和调音台等设备内部的一个部件，又可以是一台完整的独立设备，作为扩音等音响系统的组成部分。

二、常见的音频信号处理设备

音频信号处理设备的分类方法有很多，常见的是根据其用途来划分，主要有均衡器、激励器、反馈抑制器、效果器及压限器等。

1. 均衡器

均衡器是一种可以分别调节各种频率成分电信号放大量的电子设备，其作用是通过对各种不同频率电信号的调节来补偿扬声器和声场的缺陷，补偿和修饰各种声源及其他特殊作用。一般调音台上的均衡器仅能对高频、中频、低频三段频率电信号进行调节。均衡器是扩声系统中应用最广泛的信号处理设备，图4-1-1所示为YAMAHA（雅马哈）Q2031型均衡器的面板图。

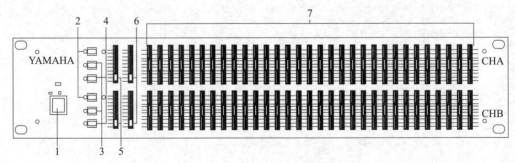

图4-1-1　YAMAHA（雅马哈）Q2031型均衡器的面板图

1—电源开关　2—范围选择开关　3—高通滤波器开关　4—均衡开关　5—输入电平控制按钮
6—高通滤波器按钮　7—提升/衰减控制按钮

2. 激励器

激励器是一种谐波发生器，是利用人的心理声学特性，对声音信号进行修饰和美化的声音处理设备。通过给声音增加高频谐波成分等多种方法，可以改善音质、音色，提高声音的穿透力，增加声音的空间感。激励器不仅可以创造出高频谐波，而且还具有低频扩展等功能。图 4-1-2 所示为 Aphex-C 型激励器的面板图。

激励器的作用主要是将音频信号中的中高频段选频后送入谐波发生器，生成该频率的高频谐波，并加到原有音频信号中去，以加强原有音频信号中调频区域的谐波分量，改善泛音的结构。

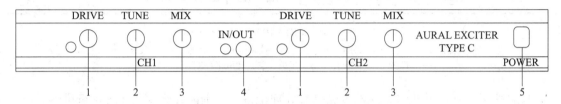

图 4-1-2　Aphex-C 型激励器的面板图

1—驱动控制　2—调谐控制　3—混音控制　4—激励器旁路开关　5—电源键

3. 反馈抑制器

反馈抑制器是用于抑制由于音箱声音传到麦克风而引起的声反馈啸叫的设备。当出现声反馈时，它会立即发现和计算出其频率、衰减量，并按照计算结果执行抑制声反馈的命令。图 4-1-3 所示为百灵达 DSP-1124P 型反馈抑制器的面板图。

在扩声系统中，如果在提升放声功率或较大幅度提升传声器音量时，扬声器发出的声音通过直接或间接的方式进入传声器，使整个扩声系统形成正反馈，导致某些频点的声音过强，从而引起啸叫，这种现象称为声反馈，也称为声音回输。

音响系统出现啸叫是由于正反馈使音频信号中的某些频点不断被加强而造成的，如果把这些频点切除或进行大幅度衰减，就可以有效抑制声反馈。反馈抑制器利用计算机技术快速扫描、自动寻找出发生啸叫的音频信号频率，并自动生成一组与这些啸叫频率相同的窄带滤波器来切除啸叫频率，从而达到自动抑制啸叫、消除声反馈的目的。

图 4-1-3　百灵达 DSP-1124P 型反馈抑制器的面板图

1—监控输出电平指示灯　2—左 / 右频道滤波器　3—液晶屏显示器　4—参数指示灯　5—调节旋钮
6—滤波器选择　7—左声道运行　8—频率选择　9—频带宽度调节　10—接通 / 旁路　11—电源键
12—滤波模式选择　13—右声道运行　14—频率微调　15—增益调节　16—存储

4. 效果器

效果器是专门用于产生混响、延时等效果的电子仪器，其作用是改变原有声音信号的波形，如通过采取调制或延迟声波的相位、增强声波的谐波成分等一系列措施，产生各种特殊的声效。图 4-1-4 所示为 YAMAHA REV100 型效果器的面板图。

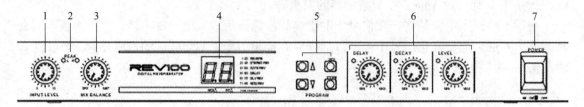

图 4-1-4　YAMAHA REV100 型效果器的面板图

1—输入电平控制　2—峰值左 / 右显示灯　3—直达声 / 效果声混合平衡控制　4—发光二极管七段显示器
5—程序键　6—编辑控制键（延迟、衰减和电平控制）　7—电源键

除此之外，压限器也是常见的音频信号处理设备，详细内容将在 §4-2 进行讲解。

§4-2　压限器

学习目标

1. 掌握压限器的作用、基本组成和原理。
2. 了解压限器的技术指标。
3. 掌握压限器的使用方法。

一、压限器的作用

压限器是压缩器与限制器的简称。压缩器是一种随着输入信号电平增大而本身增益减小的放大器。限制器是一种当输出电平达到一定值后，无论输入电平如何变化，其最大输出电平恒定不变的放大器。

在扩声系统中，压限器的主要作用有：

1. 起安全阀的作用。
2. 提高录音和扩音的响度。
3. 用压缩器制造特殊的音响效果。
4. 用作齿音消除器。
5. 改善声音的清晰度。
6. 均衡不同范围内的音量。

二、压限器的基本组成和原理

压限器的组成框图如图 4-2-1 所示。它主要由输入放大器、检测电路、压控放大器、输出放大器和缓冲放大器组成。

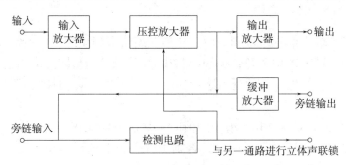

图 4-2-1　压限器的组成框图

压限器的特性曲线如图 4-2-2 所示。当压限器的输入电平低于某个设定的电平（该电平称为压缩的起始电平或门限电平）时，压限器的输入和输出电平之比为 1∶1，即对信号不做任何处理。当压限器的输入电平高于门限电平时，输入的增加量与输出的变化量不再是 1∶1，而可以是 $n∶1$（$n>1$），这个比值就叫压缩比，也称为输入电平和输出电平变化的比率。

从图 4-2-2 中给出的 2∶1 曲线可以看出，进入压缩后，输入信号增加 2 dB，输出信号只增加 1 dB；同样，对于 4∶1 压缩的情况，输入信号增加 4 dB，输出信号增加 1 dB。压限器的压缩比是可调的。当压缩比调至 ∞∶1 时，输入信号大于设定的门限电平后，输出便保持一个固定的值不变，即输出幅度被限定，其特性曲线为一条水平直线。在实际应用中，通常认为压缩比在 10∶1 以上便是限幅了。

由此可见，压限器可以在信号电平过高时自动调小增益。

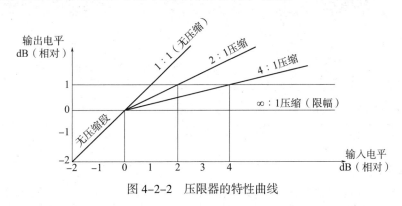

图 4-2-2　压限器的特性曲线

三、压限器的技术指标

压限器常用的技术指标有压缩比、阈值、启动时间、恢复时间和输出电平调节等。

1. 压缩比

压缩比是指输入信号电平变化与输出信号电平变化的比值。

2. 阈值

阈值是指开始压缩时的输入电平，又称为门限值。它的调整与压缩比的调整有关。一般压缩比较大时，门限值可以高一些；压缩比较小时，门限值可以稍微低一些，以多数信号不被压缩为宜。

3. 启动时间

启动时间是指当输入信号超过阈值后，从不压缩状态到压缩状态所需要的时间。如果启动时间过短，可能会稍微影响声音音头的动态和力度；如果启动时间过长，又会影响声音的自然程度和瞬态，还会产生一定的延迟感和混浊感。因此，启动时间稍短为宜。

4. 恢复时间

恢复时间是指当输入信号电平小于阈值时，从压缩状态恢复到不压缩状态所需要的时间。通常来说恢复时间都要稍微长一点，否则声音会产生跳跃感和突兀感，但也不能太长，否则会影响下一个音频信号的正常播放。

5. 输出电平调节

输出电平调节是指将压缩器的输出信号电平调节到调音台所需的电平。有些压缩器在调节其他控制变化时保持输出电平恒定不变。

四、压限器的使用方法

压限器的使用方法如下：

1. 把压限器的输入 / 输出电平调整到 0 dB 位置。

2. 断开音箱和功率放大器的连接。

3. 把压限器的压缩比调整到 ∞ 位置（顺时针旋到底）。

4. 把压限器的启动电平调整到最大（顺时针旋到底）。

5. 把压限器的启动时间和恢复时间旋钮都置于中间位置，即可正常使用压限器。

§4-3　调音台

学习目标

1. 熟悉调音台的作用、分类及基本组成。

2. 了解调音台的技术指标。

3. 熟悉调音台的面板及连接方法。

一、调音台的作用

调音台又称为调音控制台，它将多路输入信号进行放大、混合、分配、音质修饰和音响效果加工，然后再通过母线输出。调音台是现代电台广播、舞台扩音、音响节目制作等系统中进行播送和录制节目的重要设备。其主要作用如下：

1. 信号放大

从麦克风、卡座、CD 机等信号源送来的信号，由于电平很低，必须经过放大，在放大过程中进行平衡调节，最后送至录音机或经功率放大器送至扬声器输出。

2. 信号混合

四路、八路甚至几十路的节目源信号可能同时输入到调音台中，进行技术上的加工和艺术上的处理，然后混合成一路（单声道）、两路或四路立体声输入。这是调音台最基本的功能，所以它也称为混音台。

3. **信号分配**

音频信号输入调音台后，不只是放大为主输出信号，有时为了各种需要，还要将信号分配给多个电路或设备，如辅助输出、录音输出、监听输出、检听或独听输出电路及设备。

4. **音量控制**

调音台的音量控制通常采用推拉式电位器（又称为衰减器），包括各输入单元的通道衰减器和总回路的主衰减器。

5. **均衡**

均衡即高低音调节。调音台一般设有 2~7 段均衡器，将其又分为通道均衡器和主均衡器等。

6. **声像方位**

两路或四路主输出的调音台都没有声像方位电位器。声像方位电位器用于拾取、录制立体声节目，按照声源方位或乐曲艺术的要求而分配声像方位。

7. **监听或检测**

一般调音台都设置有耳机插孔，用耳机来监听，或外接监听功率放大器，用扬声器监听。台面上通常还设有指针式或发光管式音量表，以便协同听觉的监听，以视觉对电平信号进行监测。

二、调音台的分类

调音台通常有三种分类方式：按信号的处理方式，分为模拟调音台、数字调音台；按用途，分为制作调音台、扩声调音台、播出调音台、DJ 调音台；按使用方式，分为固定式调音台、半移动式调音台、便携式调音台。

三、调音台的基本组成

从系统构成来说，调音台主要由六部分组成，分别为输入接口及输入通道、输出部分、主辅助部分、中央控制部分、矩阵分配部分及监视单元。其组成框图如图 4-3-1 所示。

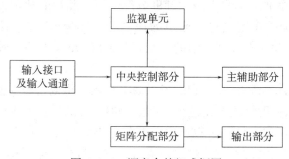

图 4-3-1　调音台的组成框图

1. **输入接口及输入通道**

（1）输入接口

输入接口是实现输入设备和调音台连接的接口，通常有麦克风输入接口、线路输入接口和插入接口，各接口的作用如下：

1）麦克风输入接口。采用平衡式卡侬插口，用于输入低阻抗、低电平信号，可连接动圈式和电容式麦克风。

2）线路输入接口。采用 6.25 mm 平衡式三芯电话插头，可兼容二芯头的非平衡连接。

3）插入接口。当某一通道需要进行效果处理时，用此接口可以将效果器串入通道中。

（2）输入通道

输入通道主要实现信号的开关和信号调节，其主要由幻象电源、垫整开关、增益调节、参量均衡器、辅助分配、声像电位器、静音按钮、选听按钮、削波指示、编组开关及推拉衰减器（推子）组成。各部分的作用如下：

1）幻象电源。其作用是对电容式麦克风进行直流供电。所谓幻象，就是在麦克风线传输信号的同时，也能传输直流电源。常用的幻象电源为 48 V，也有 24 V、12 V 的。需要注意的是，在接入麦克风时，幻象电源要处于关闭状态；使用非平衡连接时，不能打开幻象电源开关。

2）垫整开关。垫整开关是一种定值衰减器，按动此开关可以实现定值衰减（一般为 20 dB 或 26 dB）。其作用是在使用高灵敏度麦克风或输入过高信号时，防止电路过载。

3）增益调节。其作用是匹配调音台输入信号的大小，改变调音台的输入灵敏度，拓宽调音台的输入范围。增益调节能够保证输入信号不超出调音台的动态范围，并通过峰值指示灯显示其状态。输入通道上设有相位调整开关，当有多个信号输入时，若有线序接错引起反相时，可用此开关加以校正。

4）参量均衡器。参量均衡器主要用于音质补偿，对声音频谱的五个区域进行提升或衰减，调整范围以分贝为刻度。

未加补偿的信号电平为 0 dB，因此，调音台的初始状态应是每个旋钮都置于中间位置（12 点），在 12 点的基础上，逆时针旋转为衰减，顺时针旋转为提升。补偿点的范围一般为 –15 ~ 15 dB 或 –12 ~ 12 dB。输入信号的频率参数可以调整，一般调音台分为高（HF）、中（MF）、低（LF）三段；专业调音台分为高（HF）、中高（HMF）、中低（LMF）、低（LF）四段。

5）辅助分配。每个通道上都有一组辅助分配旋钮，旋钮的数量根据调音台的规模和功用有所不同。辅助分配的作用是将本通道的信号分一部分送至主辅助，通过主辅助输出，然后对其进行监听或做相应的处理。辅助分配有两种情况，一种取自推子前；另一种取自推子后。

推子前信号一般用作监听，馈送到前场供演奏员用耳机或扬声器监听；推子后信号一般用于效果处理，信号从辅助母线取出送至外部效果器，经效果器处理后再返回调音台。

6）声像电位器。声像电位器可以调整分配到输出母线左、右声道上信号相对电平的大小，从而产生立体感。当电位器位于中间位置时，左、右声道电平相同；当电位器调到一端时，一个声道电平最高，而另一个声道电平为零。

7）静音按钮。其作用是减少不用通道的噪声，进行问题排查。

8）选听按钮。选听按钮的一个作用是现场演出时，在通道信号送入母线之前用耳机对其进行预听。另一个作用与静音按钮的作用基本相同，当按下某一通道的选听按钮时，其他通道都被静音。

9）削波指示。每一个通道都有一个红色的 LED 指示灯，其作用是指示通道的过载情况，一旦该灯闪亮，说明该通道的输入信号过大。

10）编组开关。编组开关是一个带有号码的分挡开关，通常分为八个挡位，其作用是将某些操作相近的输入通道编组到编组通道上去，由一个通道控制多个通道，减少混音操作的通道数量。

11）推拉衰减器（推子）。推子用于调整信号电平的大小和进行音量平衡调节。装在输入通路上的推子称为分路推子，分路推子的作用是把各路信号的比例调好；装在总路上的推子称为总路推子，其作用是控制混合信号的输出电平，使之不超过最佳线性范围。

2. 输出部分

输出部分主要用于信号的输出，其主要由输出端口、辅助端口及立体声端口组成，各端口的作用如下：

（1）输出端口

输出端口将输出母线上的信号从调音台输出。

（2）辅助端口

辅助端口将辅助母线上的信号从调音台输出。

（3）立体声端口

立体声端口以 L（左）、R（右）立体声的形式将信号从调音台输出。

3. 主辅助部分

主辅助部分包括辅助发送及返回，其作用如下：

（1）将正在演奏的节目信号馈送给演奏员，以便其用耳机或扬声器监听演奏效果。

（2）外接效果处理器。辅助发送实际上是一个附加的混合系统，它独立于主输出。辅助发送路数的多少取决于调音台的规模及功能。一般来说，越大型的调音台辅助发送的路数就越多。

4. 中央控制部分

中央控制部分用于对整个录音操作乃至整个录音棚系统进行控制。由于其控制范围和内容广泛，且每个录音棚的设备配制有所不同，工作性质各异，因此，中央控制部分的作用也略有区别。其主要作用有系统联络（各工作间的对讲），摄影机、录音机的运行（前进、倒退、快进、快退、录制、播放等），录音操作及录音状态的显示，调音台各个模块之间的方式转换及相互连接。高档的调音台还配置有简单的计算机系统。

5. 矩阵分配部分

矩阵分配部分的作用是在多路信号输入的情况下，可独立地根据需要选择多路（包括 1路）信号进行输出，完成信号的选择。

6. 监视单元

监视单元主要用于显示各参数的大小，其主要有音量表和峰值表两种，各部分的作用如下：

（1）音量表

音量表的其中一个重要特性就是它的动态特性，即表针上升或下降的时间特性。将 1 kHz 的信号突然加在音量表上，表针会迅速上升，0.3 s 的时间内达到 99% 的刻度，然后缓慢下降。音量表在指示声音信号时并不是紧跟信号的动态变化，而是与信号的频率有关。它对低频声与高频声反应迟钝，对中频声则反应灵敏。

（2）峰值表

峰值表用来指示信号的峰值。峰值表有较快的瞬态响应和较大的动态范围，其上升时间为 5 ms（Ⅰ型）、10 ms（Ⅱ型），到达顶点后停留 0.04 s，然后缓慢下降，下降时间为 1~2 s，表的量程为 5~50 dB。峰值表的特点是紧跟信号且快上慢下，它比音量表能更准确地反映峰值变化。

四、调音台的技术指标

调音台的主要技术指标有六个，分别为增益、动态余量、噪声、频率响应、谐波失真和串音。

1. 增益

增益通常用调音台输出信号电压与输入信号电压之比的对数值来表示，或用输出电平与输入电平之差来表示。

2. 动态余量

调音台的动态余量也称为峰值储备，是指调音台的最大不失真输出电平（最大增益）和额定输出电平（额定增益）之差。

3. 噪声

调音台的噪声指标有两种，分别为线路输入噪声和麦克风输入噪声。线路输入噪声用信噪比来表示，麦克风输入噪声用等效输入噪声电平来表示。

4. 频率响应

频率响应简称为频响，表示调音台的频带宽度和在限定宽度内的电平的一致性。一般专业调音台的频响要求为 30~18 000 Hz（±1 dB），这是调音台总信道的频响，如果调音台频响不够宽，则会造成输出的声音失真。

5. 谐波失真

调音台的谐波失真是指在额定输出电平时，在整个工作频段内的总谐波失真。专业用调音台的谐波失真一般小于 0.1%，比一般的麦克风谐波失真（小于 0.5%）要小。

6. 串音

调音台的串音指标用于衡量相邻通道间的隔离能力，一般用串音衰减来表示，即某一通道的信号与串入其相邻通道的信号之比的对数值。

五、调音台的面板及连接

这里以 YAMAHA MG124CX 型调音台为例进行讲解，其面板图如图 4-3-2 所示，输入和输出设备连接图如图 4-3-3 所示。

1. 麦克风输入与线路输入部分

麦克风输入与线路输入部分的面板图如图 4-3-4 所示。

2. 立体声输入部分

立体声输入部分的面板图如图 4-3-5 所示。

3. 主控输出部分

主控输出部分的面板图如图 4-3-6 所示。

4. 混响效果控制部分

混响效果控制部分的面板图如图 4-3-7 所示。

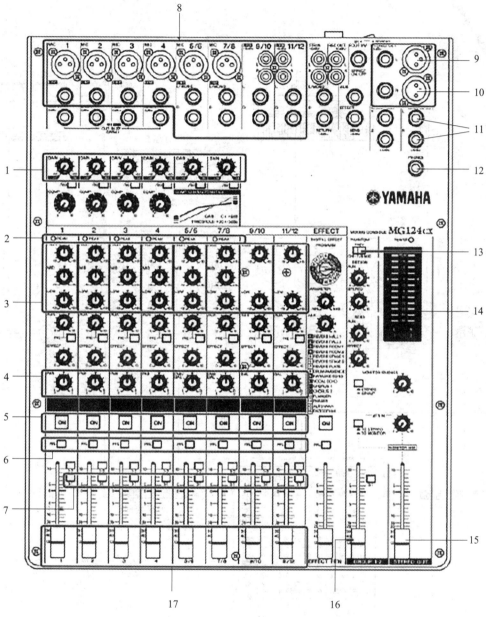

图 4-3-2 YAMAHA MG124CX 型调音台的面板图

1—增益控制旋钮　2—峰值指示灯　3—均衡器　4—声像方位控制旋钮　5—启动开关
6—通道开关　7—立体声开关　8—麦克风、乐器插孔　9—音箱插孔　10—功率放大器插孔
11—监听音箱插孔　12—耳机插孔　13—幻象电源开关　14—电平表　15—立体声输出主衰减器
16—GROUP 1～2 衰减器　17—通道衰减器

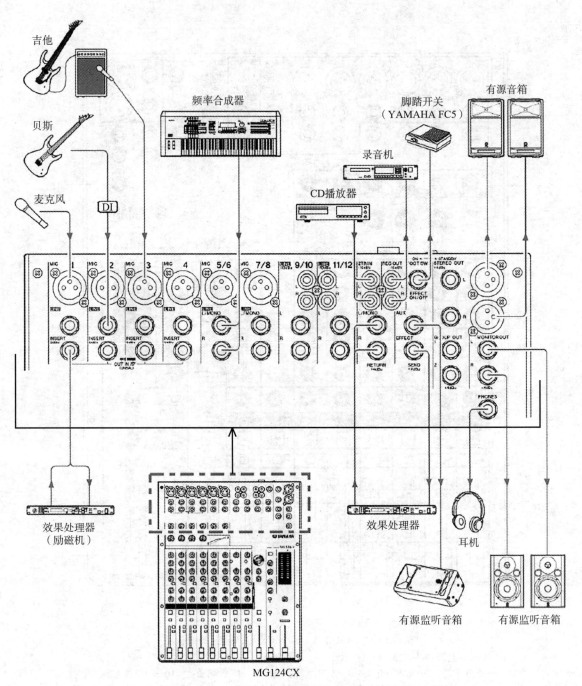

吉他

贝斯

麦克风

频率合成器

脚踏开关
（YAMAHA FC5）

有源音箱

录音机

CD播放器

效果处理器
（励磁机）

MG124CX

效果处理器

耳机

有源监听音箱

有源监听音箱

图 4-3-3　YAMAHA MG124CX 型调音台输入和输出设备连接图

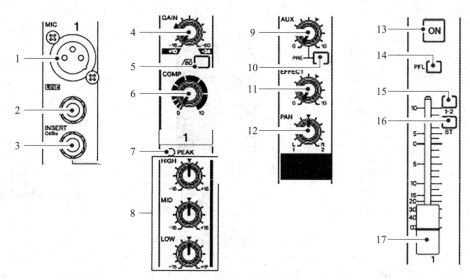

图 4-3-4 麦克风输入与线路输入部分的面板图

1—麦克风输入插孔 2—线路输入插孔 3—插入接口 4—增益控制旋钮 5—高通滤波器开关
6—压限控制旋钮 7—峰值指示灯 8—均衡器（HIGH、MID 和 LOW） 9—辅助输出（AUX、AUX1）控制旋钮
10—衰减前辅助开关 11—效果（AUX2）控制旋钮 12—声像方位控制旋钮 13—启动开关 14—通道开关
15—1～2 开关（此开关将通道信号输出到 GROUP 1 和 GROUP 2 总线） 16—立体声开关 17—通道衰减器

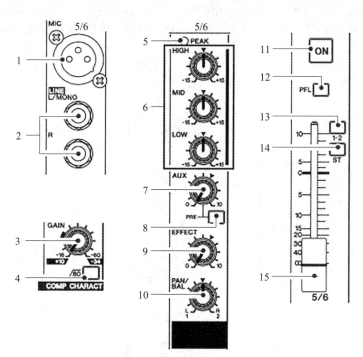

图 4-3-5 立体声输入部分的面板图

1—麦克风输入插孔 2—线路输入插孔 3—增益控制旋钮 4—高通滤波器开关 5—峰值指示灯
6—均衡器（HIGH、MID 和 LOW） 7—辅助输出（AUX、AUX1）控制旋钮 8—衰减前辅助开关
9—效果（AUX2）控制旋钮 10—声像方位控制旋钮 11—启动开关 12—通道开关
13—1～2 开关（此开关将通道信号输出到 GROUP1 和 GROUP2 总线）
14—立体声开关 15—通道衰减器

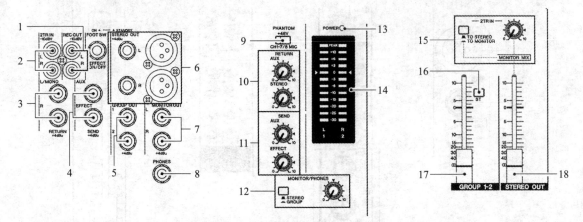

图 4-3-6　主控输出部分的面板图

1—录音输出（L、R）插孔　2—立体声输入针式插孔　3—非平衡式耳机插孔型线性输入插孔　4—阻抗平衡式耳机插孔型输出插孔　5—阻抗平衡式耳机插孔（可输出 GROUP 1 和 GROUP2 的信号）　6—立体声输出（L、R）插孔　7—立体声耳机插孔型输出插孔　8—立体声耳机插孔　9—幻象电源开关　10—RETURN 控制旋钮（AUX 控制旋钮：调节将 RETURN 插孔 L 和 R 接收的 L/R 信号发送到 AUX 总线的电平。STEREO 控制旋钮：调节将 RETURN 插孔 L 和 R 接收的信号发送到 STEREO L/R 总线的电平）　11—SEND 控制旋钮（调节发送到 AUX SEND 插孔的信号电平）　12—MONITOR/PHONES 开关和控制旋钮（MONITOR 开关：如果将此开关设定为 GROUP 开，GROUP1/2 总线信号将被发送到 MONITOR OUT 插孔、PHONES 插孔和电平表；如果设定为 STEREO 关，STEREO L/R 总线信号将被发送到这些插孔和电平表。MONITOR 控制旋钮：控制输出到 PHONES 插孔和 MONITOR OUT 插孔的信号电平）　13—电源指示灯　14—电平表　15—2TR 输入开关和控制旋钮　16—立体声开关　17—GROUP 1～2 衰减器　18—立体声主衰减器

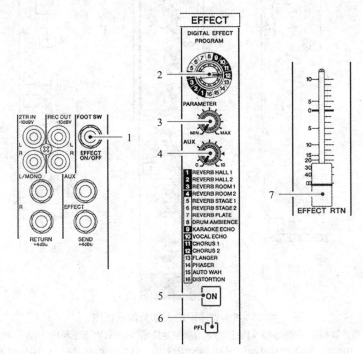

图 4-3-7　混响效果控制部分的面板图

1—脚踏开关　2—编程数据盘　3—参数控制旋钮　4—辅助控制旋钮　5—启动开关
6—通道开关　7—效果返回衰减器

5. 后面板输入/输出部分

后面板输入/输出部分的面板图如图 4-3-8 所示。

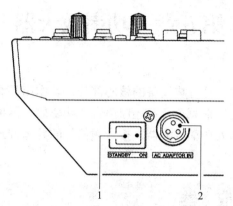

图 4-3-8　后面板输入/输出部分的面板图
1—电源开关　2—交流配接器输入连接插孔

思考与练习

1. 均衡器的作用是什么？
2. 效果器是如何提高音效的？
3. 压限器在扩声系统中的主要作用是什么？
4. 激励器的作用是什么？
5. 反馈抑制器的作用是什么？它是如何抑制声反馈的？
6. 调音台系统由哪几部分组成？

第五章　功率放大器

功率放大器简称为功放，是音响设备的核心部分，其作用是对前级送来的音频信号进行电压、电流放大，以合适的功率驱动音箱还原声音。功率放大器种类繁多，按输出功率的大小，可分为小功率放大器和大功率放大器；按音频信号的处理方式，可分为模拟式功率放大器和数字式功率放大器。

§5-1　小功率放大器

学习目标

1. 熟悉 OTL、OCL、BTL 小功率放大器的基本组成及用途。
2. 掌握 OTL、OCL、BTL 小功率放大器的工作原理。
3. 熟悉 OTL、BTL 等小功率放大器的常见故障及检修方法。

一、OTL 分立元件小功率放大器

OTL 分立元件小功率放大器（以下简称为 OTL 小功率放大器）是一种功率小于 10 W 的放大器，主要由激励级、功率放大输出级和负载组成，通常用于书桌音响、计算机音响等。

1. OTL 小功率放大器的工作原理

OTL 小功率放大器电路原理图如图 5-1-1 所示，电路中主要元器件的作用见表 5-1-1。

表 5-1-1　　　　　　　　　　　电路中主要元器件的作用

元器件名称	在电路中的作用
V3、V5、V4、V6	V3、V5 组成 NPN 型复合管，V4、V6 组成 PNP 型复合管，两组复合管组成互补推挽 OTL 功率放大输出级。由于采用射极输出，因此，该电路具有输出电阻小、负载能力强等优点，适合于用作功率放大输出级
V1	V1 和分压式电流负反馈偏置电路组成电压放大器（激励级），给后面的功率放大输出级提供足够的电压推动信号
RP2、V2	V1 管工作于甲类状态，其集电极电流 I_{c1} 的一部分流经电位器 RP2 及二极管 V2，给复合输出管 V3 ~ V6 提供合适的偏置电压。调节 RP2，可以使 V3 ~ V6 复合输出管得到合适的静态电流而工作于甲、乙类工作状态，以克服电路产生的交越失真，同时 V2 还起温度补偿作用
C5	C5 是输出耦合电容，在 V5 进入导通、放大状态时又充当 V5 回路的电源
R4、C4	R4 为隔离电阻，C4 为升压电容，R4、C4 组成自举电路，增大输出信号的动态范围，提高放大器的不失真功率

续表

元器件名称	在电路中的作用
R6、C6	R6、C6 组成电源去耦电路
RP1	静态时要求输出端中点的电位 $U_A=1/2V_{CC}$，可以通过调节 RP1 实现。由于 RP1 的一端接在 A 点，此时 RP1 在电路中起到负反馈作用，一方面能够稳定放大器的静态工作点，同时也能改善非线性失真
C2	C2 用于防止高频自激
R8A	R8A 用于稳定工作点

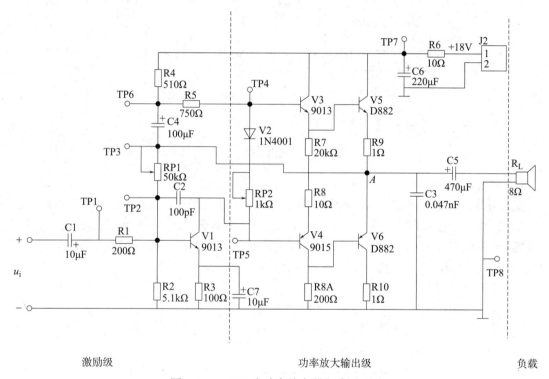

图 5-1-1　OTL 小功率放大器电路原理图

（1）直流电路分析

直流电路示意图如图 5-1-2 所示。接通电源后，调节 RP1 的阻值，使功率放大器输出级中放大器输出端的直流电压为电源电压的一半，使整个放大器的直流电路进入正常的工作状态。电源经 R4、R5 给 V3 的基极提供偏置电压，使 V3 导通；V3 发射极的直流电压加到 V5 的基极上，使 V5 导通；V5 发射极的输出电压经 R9、RP1、R2 分压后加到 V1 的基极，给 V1 的基极提供静态偏置电压，使 V1 导通；V1 导通后，其集电极上的电压下降，即 V4 基极上的电压下降，使 V4 处于导通状态，从而使 V6 导通，这样电路中的 5 只三极管均处于导通状态。

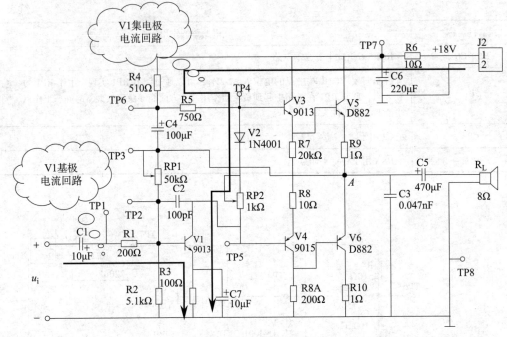

图 5-1-2　直流电路示意图

（2）交流电路分析

交流电路示意图如图 5-1-3 所示。正弦交流信号 u_i 经 V1 放大、倒相后同时作用于 V3～V6 的基极，在 u_i 的负半周，V4、V6 导通（V3、V5 截止），有电流通过负载 R_L，同时向电容 C5 充电；在 u_i 的正半周，V3、V5 导通（V4、V6 截止），C5 起电源的作用，通过负载 R_L 放电，这样在 R_L 上就得到了完整的正弦波。

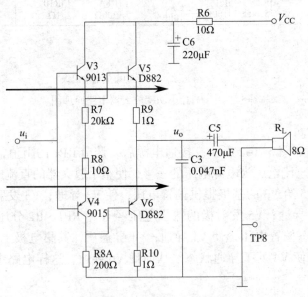

图 5-1-3　交流电路示意图

2. OTL 小功率放大器常见故障与检修方法（表 5-1-2）

表 5-1-2　　　　　　　　OTL 小功率放大器常见故障与检修方法

故障名称	检修方法
噪声大	检修时，应先判断噪声来自前级电路还是后级电路。可把前、后级的信号连接线断开，若噪声明显变小，说明故障在前级电路；反之，故障在后级电路。通常出现的交流声主要是电源部分滤波不良所致，应着重检查 C6。此外，还应检查电路中的电位器 RP1、RP2 是否接地不良；耦合电容 C1、C5 有无虚焊、漏电或接触不良
音轻	检修时，首先应检查电源电压是否偏低、C6 是否漏电和扬声器是否正常，可用替换法来检查。然后调节电位器 RP1、RP2，听音量能否变大。若以上各部分均正常，应判断故障是在前级电路还是后级电路 后级放大电路造成的音轻，主要有输出功率不足和增益不够两种原因，可用适当加大输入信号的方法来判断是哪种原因引起的。若加大输入信号后，输出的声音足够大，说明功率放大器输出功率足够，只是增益降低，应着重检查 R7、R8、R8A 是否存在阻值增大或开路等现象。若加大输入信号后，输出的声音出现失真，音量并无明显增大，说明后级放大器的输出功率不足，应先检查放大器的供电电压是否偏低、发射极的阻值有无变大等。若怀疑某信号耦合电容失效，可用同值电容并联试之。此外，若负反馈元件有问题，也会造成电路增益下降
无声音输出	首先检查电源供电及 C6 是否正常，再检查扬声器的质量。将万用表置于 $R \times 1$ 挡，干扰 A 点，听扬声器有无干扰声。若无干扰声，检查 C3 是否开路、C5 是否短路和扬声器是否损坏；若有干扰声，用信号干扰法检查故障是在前级电路还是后级电路。将万用表置于 $R \times 100$ 挡，红表笔接地，黑表笔快速点触后级电路的输入端。若扬声器中有较强的"咔咔"声，说明故障在前级电路；若扬声器无反应，说明故障在后级电路
失真	失真故障是某放大级工作点偏移或功率放大器推挽输出级工作不对称所致。检修时，可根据放大器输出功率与失真的变化情况来判断具体的故障部位。若失真随着音量的增大而明显增加，应检查 V3、V4 的工作点是否偏移；若无论音量大或小均有失真，说明故障在前级电路，应检查 V1 的工作点有无偏移

二、OTL 集成小功率放大器

目前，利用集成电路工艺已经能够生产出品种繁多的集成功率放大器。集成功率放大器除了具有一般集成电路的共同特点外，还有一些突出的优点，主要有温度稳定性好、电源利用率高、功耗较低、非线性失真较小等优点，还可以将各种保护电路也集成在芯片内部，使用更加安全。

1. TDA2822 集成电路介绍

TDA2822 是一款采用 DIP8 封装形式的单片集成电路，其特点是工作电压低（低于 2 V 时仍能正常工作）、集成度高、外围元件少、音质好，可作为桥式或立体声式功率放大器使用。TDA2822 广泛应用于收音机、耳机放大器等小功率放大器电路中。

TDA2822 的内部结构和外部引脚功能如图 5-1-4 所示。若工作在双通道 OTL 状态，两通道信号分别从 5、6 脚和 7、8 脚输入，经内部放大，分别从 3、4 脚和 1、4 脚输出（各输出端应接耦合电容）；若工作在单通道 BTL 状态，则信号从 6、7 脚输入，经内部放大，从 1、3 脚输出，无须接耦合电容。

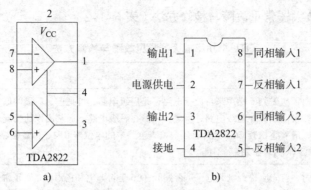

图 5-1-4   TDA2882 的内部结构及外部引脚功能
a）内部结构   b）外部引脚功能

2. TDA2822 立体声功率放大器的工作原理

图 5-1-5 所示为 TDA2822 用于立体声功率放大器的典型应用电路。图中，RP1、RP2 分别是左声道和右声道输入信号源的负载电阻，同时也是内部两个差分放大器的偏置电阻；C3、C4 分别是两个放大器的输出耦合电容；R2、C6 和 R1、C7 分别是两个放大器的高频消振元件，用于消除高频自激振荡；C5 是电源滤波电容。

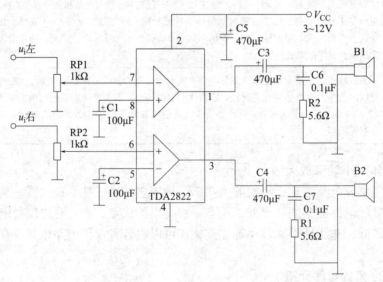

图 5-1-5   TDA2822 用于立体声功率放大器的典型应用电路

电路的工作过程为：左声道和右声道的音频信号分别送到双联音量电位器 RP1 和 RP2，经调节后分别送到集成功率放大器电路 TDA2822 的 7、6 脚，经内部电路放大后分别从 1、3 脚输出，经 C3、C4 分别送入扬声器 B1 和 B2，推动扬声器发声。

三、OCL 集成小功率放大器

OCL 集成小功率放大器有单声道和双声道之分，这里重点分析单声道 OCL 集成小功率放大器。OCL 集成小功率放大器与 OTL 集成小功率放大器类似，不同之处主要有两个方面：一是 OCL 集成小功率放大器采用正、负对称电源，OTL 集成小功率放大器采用正电源；二是 OCL 集成小功率放大器的信号输出回路中没有输出耦合电容（OTL 有）。图 5-1-6 所示为单声道 OCL 集成小功率放大器电路原理图。

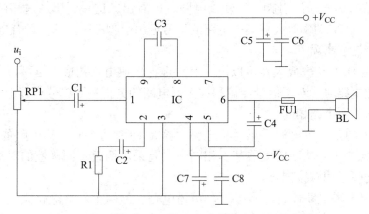

图 5-1-6　单声道 OCL 集成小功率放大器电路原理图

1. 单声道 OCL 集成小功率放大器各引脚的作用

单声道 OCL 集成小功率放大器共有 9 只引脚，各引脚的作用见表 5-1-3。

表 5-1-3　　　　　　　　单声道 OCL 集成小功率放大器各引脚的作用

引脚	作用
1	信号输入引脚，用来输入经音量电位器控制后的音频信号
2	交流负反馈引脚，用来接入交流负反馈电路 C2、R1
3	接地引脚，IC（集成电路）内部电路的接地由这一引脚与外电路中的地线相连
4	负电源引脚，负极性直流工作电压 $-V_{CC}$ 由这一引脚加到 IC 内部电路
5	自举引脚，用来接入自举电容 C4
6	信号输出引脚，此引脚通过熔断器 FU1 直接与扬声器 BL 相连
7	正电源引脚，正极性直流工作电压 $+V_{CC}$ 由这一引脚加到 IC 内部电路
8	高频消磁引脚，用来接入高频消磁电容 C3
9	高频消磁引脚，用来接入高频消磁电容 C3

2. 交流电路分析

图 5-1-6 中，输入信号经电位器 RP1 及电容 C1 耦合后，通过信号输入引脚 1 送入 IC 内部电路中，经功率放大后，从信号输出引脚 6 输出，经熔断器 FU1 后推动扬声器 BL 发声。

3. 外电路分析

（1）正、负电源引脚 7、4 的外接电路

正电源引脚 7 的外电路与 OTL 功率放大器集成电路的电源引脚外接电路一样，这一引脚上接有滤波电容 C5 和高频滤波电容 C6。

4 脚是集成电路的负电源引脚，它的外部电路也有两只滤波电容，由于是负电源引脚，所以滤波电容 C7 的正极接地，负极与负电源引脚相连，在检修时要注意这一点，在更换电

容时极性不可接反。电容 C8 是负电源引脚上的高频滤波电容，它的作用与 C6 一样。

（2）信号输出引脚 6 的外接电路

从集成电路的信号输出引脚 6 的外接电路可以看出，这一引脚通过熔断器 FU1 直接与扬声器 BL 相连（OTL 功率放大器集成电路的信号输出引脚有一只输出耦合电容）。

4. 电路分析注意事项

（1）双声道 OCL 功率放大器可以由一个双声道集成电路构成，也可以由两个单声道构成。分析双声道电路时，对于信号传输和放大器电路的分析只需要分析其中一个声道电路即可，因为左、右声道电路相同。

（2）电路中的正、负电源采用对称电源，这是 OCL 功率放大器电路的一个显著特点。OCL 功率放大器与 OTL 功率放大器基本相同，只是采用两组不同极性的对称电源，同时输出端与扬声器之间采用直接耦合。

（3）对于双声道电路而言，多了一个声道电路，但两个声道电路完全一样。对于双声道 OCL 集成电路的正、负电源引脚，两个声道电路既可以共用，又可以分开，接地引脚也可以分开或共用一个。

（4）不同型号的双声道 OCL 功率放大器集成电路，在有几只接地引脚、正电源引脚和负电源引脚共用与否方面有所不同，如有的 OCL 功率放大器集成电路没有接地引脚。

（5）由于扬声器直接接在功率放大器输出端与地端之间，当功率放大器出现故障导致输出端直流电压不为 0 V 时，因为扬声器的直流电阻很小，会有很大的电流流过扬声器，所以这种功率放大器很容易烧坏扬声器，因此，在功率放大器输出端与扬声器之间要接入熔断器进行保护。

5. 常见故障与检修方法

单声道 OCL 集成小功率放大器出现无声故障时，应先检查外围电路，检查 IC 4 脚和 7 脚上的供电电源是否正常，如果不正常，则先检查外电路电源，如果外电路电源正常，则可判断是 IC 损坏，此时需更换 IC。如果 IC 电源正常，则检查 IC 的 1 脚和 6 脚是否有信号，如果 1 脚无信号，则可判断是外电路开路；如果 1 脚有信号、6 脚无信号，则可判断是 IC 损坏；如果 1 脚和 6 脚都有信号，则可判断是外电路开路或扬声器损坏。对于开路故障，只需检查故障线路部分并重新进行连接即可。对于 IC 损坏，只需更换 IC 即可。

四、BTL 集成小功率放大器

这里以 TEA2025B 为例，介绍 BTL 集成小功率放大器的作用、原理及检修方法等。TEA2025B 是一款双列 16 脚微型高保真功率放大器集成电路，其主要参数为：电源电压 3 ~ 12 V；功率 2 × 1 W（电源为 9 V，$THD=1\%$，$R_L=8\ \Omega$ 时），单声道最大可达 4.7 W；频宽 50 Hz ~ 2 kHz。

该集成电路具有失真小、频响宽、性价比高等特点，可作为单声道或双声道音频放大电路，是移动 CD 和 DVD、小型收录机、小型电视机等产品理想的音频放大器。

1. TEA2025B 内部电路框图及引脚功能

TEA2025B 内部电路主要由两路功能相同的音频预放电路、功率放大电路、去耦电路、驱动电路、供电电路组成，其内部电路框图如图 5-1-7 所示，各引脚功能见表 5-1-4。

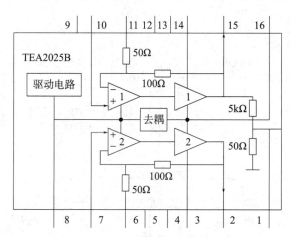

图 5-1-7　TEA2025B 内部电路框图

表 5-1-4　　　　　　　　　　　　　　　　　TEA2025B 各引脚功能

引脚	功能	引脚	功能
1	BTL 辅助输出端，双声道时悬空	9	接地端
2	功率放大器电路 2 信号输出端	10	功率放大器电路 1 信号输入端
3	功率放大器电路 2 自举端	11	功率放大器电路 1 接负反馈元件端
4	功率放大器电路接地线 1 端	12	功率放大器电路接地线 3 端
5	功率放大器电路接地线 2 端	13	功率放大器电路接地线 4 端
6	功率放大器电路 2 接负反馈元件端	14	功率放大器电路 1 自举端
7	功率放大器电路 2 信号输入端	15	功率放大器电路 1 信号输出端
8	纹波滤波元件连接端	16	工作电源电压输入端

2. 基于 TEA2025B 的 BTL 典型应用电路的工作原理

基于 TEA2025B 的 BTL 典型应用电路如图 5-1-8 所示。

电路的供电电压采用直流 9 V，滤波电容 C6 一般不低于 100 μF。可在输入端串联一个 10 kΩ 左右的电阻，输入端的对地电阻阻值不能太大，一般 2～10 kΩ 即可，这样可以降低背景噪声。1、6 脚所接电容 C8 的耐压值为 16 V。

电路的工作过程为：音频信号经电容 C4 耦合后从 TEA2025B 的 10 脚送入内部电路，先经预放大后加到功率放大器，经放大后的音频信号从 2、15 脚输出，驱动扬声器发声。

3. TEA2025B 的常见故障与检修方法

基于 TEA2025B 的电路出现无声故障时，应先检查外围电路，检查其 16 脚上的供电电压是否正常。若偏低，可断开该脚再测与该脚断开的铜箔电压；若 16 脚供电电压偏高，则说明集成电路内部电路短路；若电压正常，则需检查集成电路外围电容有无失效。用万用表测量 2、15 脚的电压是否为电源电压的一半，若测得的电压为 0 V 或接近 9 V，则说明集成电路内的功率管损坏，应更换。

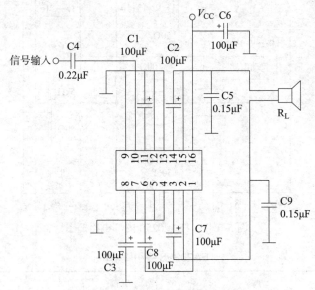

图 5-1-8　基于 TEA2025B 的 BTL 典型应用电路

实训 1　OTL 小功率放大器的安装、调试与检修

实训目的

1. 能进行 OTL 小功率放大器的安装与调试。
2. 能进行 OTL 小功率放大器常见故障的检修。

实训内容

1. 识读 OTL 小功率放大器电路原理图（图 5-1-1）。
2. 对整机所用的元器件进行识别与检测。
3. 根据技术文件和相关工艺要求安装 OTL 小功率放大器电路套件。
4. 根据电路图对安装好的电路板进行调试和检修。

实训设备与工具

直流稳压电源、模拟式万用表、低频信号发生器、示波器、OTL 小功率放大器实验器件 1 套。

实训步骤

一、元器件识别与检测

在安装整机电路之前，必须要对整机所用的元器件进行检测，以减少故障的发生。根据表 5-1-5 的元器件清单核对元器件数量、规格和型号，并用万用表检测元器件的质量好坏。

表 5-1-5   OTL 小功率放大器元器件清单

序号	元器件代号	元器件名称	实物图	型号 / 规格	检测结果
1	R1	色环电阻		200 Ω	实测值：
2	R2			5.1 kΩ	实测值：
3	R3			100 Ω	实测值：
4	R4			510 Ω	实测值：
5	R5			750 Ω	实测值：
6	R6、R8			10 Ω	实测值：
7	R7			20 kΩ	实测值：
8	R8A			200 Ω	实测值：
9	R9、R10			1 Ω	实测值：
10	RP1	电位器		50 kΩ	质量：
11	RP2			1 kΩ	质量：
12	R_L	扬声器		8 Ω/1 W	实测值： 质量：
13	C2	瓷片电容		100 pF	质量：
14	C3			0.047 nF	质量：
15	C1	电解电容		10 μF/16 V	质量：
16	C4			100 μF/25 V	质量：
17	C5			470 μF/25 V	质量：
18	C6			220 μF/25 V	质量：
19	C7			10 μF/16 V	质量：
20	V2	二极管		1N4001	质量：
21	V1、V3	三极管		9013	类型： 质量：
22	V4			9015	类型： 质量：
23	V5、V6			D882	类型： 质量：

二、OTL 小功率放大器电路的安装

对照图 5-1-1 所示的 OTL 小功率放大器电路原理图和表 5-1-5 的元器件清单，用焊接工具在电路板上安装元器件并进行焊接，完成 OTL 小功率放大器电路套件的安装。安装元器件时，注意电解电容、二极管的极性和三极管的管脚不要装错。

安装完成的 OTL 小功率放大器实物图如图 5-1-9 所示。

图 5-1-9　安装完成的 OTL 小功率放大器实物图

三、电路调试

1. 通电前的检查

对照电路图，仔细核对所用元器件，检查有无漏焊、错焊、搭锡和极性装反等情况。重点检查 V2 和 RP2 焊接是否良好，如果它们开路，会使推挽互补对管损坏。然后用一字旋具将 RP2 向右旋转至最底端，此时 RP2 的电阻值最小。

用万用表 $R \times 1 k$ 挡检查电路板电源两端的阻值（黑表笔接正电源输入端，红表笔接负电源输入端），$R=$____ Ω，正常应大于 $1 k\Omega$。若阻值很小，说明电路有短路；若阻值很大，说明电路安装有误。对于不正常现象，应先予以排除，才可通电调整。

2. 通电调整

（1）将电路的输入端短接；输出端接上假负载电阻（$8 \Omega/1 W$），代替扬声器。

（2）电路板接上电源（+18 V），用万用表直流 10 V 电压挡测量推挽互补对管中点（A 点）的对地电压，调节 RP1，使该点电压为 $1/2V_{CC}$（$9 V$）。

（3）用万用表直流 2.5 V 电压挡测量三极管 V3 基极（TP4，接红表笔）与 V4 基极（TP5，接黑表笔）之间的偏置电压 U_{3-4}，并调节 RP2，使测得的电压值为（1.8 ± 0.2）V。该电压值越大，功放管的集电极电流就越大，易使功放管发热损坏；若该电压值过小，会造成输出功率不足且有交越失真。因此，RP2 的取值一定要合适，以保证功率放大器有合适的静态工作点。

（4）断开 +18 V 电源，将万用表置于直流 50 mA 电流挡，测量功率放大器电路的整机静态电流 I，并记录在表 5-1-6 中。正常值为 $5 \sim 25$ mA。

（5）用万用表直流电压挡测量功率放大器电路中各三极管的静态工作电压（对地），并记录在表 5-1-6 中。

（6）拆除输入端的短接线和输出端的假负载电阻，接上扬声器，用手握住旋具的金属部分并碰触 V1 的基极，扬声器应发出"嘟嘟"声。

表 5-1-6 通电调整数据记录

电源电压 $V_{CC}=$_____V			中点电压 $U_A=$_____V		
偏置电压 $U_{3-4}=$_____V			整机静态电流 $I=$_____mA		
	V1	V3	V4	V5	V6
U_c					
U_b					
U_e					

3. 最大不失真功率的测量

（1）用 8 Ω/1 W 电阻代替扬声器。

（2）调节低频信号发生器，使之输出 1 kHz/30 mV 正弦电压信号。

（3）调节低频信号发生器的输出电压，使之缓慢增大，直至示波器显示的波形处于临界峰值切割失真时为止，测量此时的输入电压和输出电压，并做好记录。

输入电压 $U_i=$_____mV，信号频率 $f=$_____Hz，输出电压 $U_o=$_____V。

（4）根据下列公式计算功率放大器电路的电压放大倍数 A_v 和最大不失真输出功率 P_o。

$A_v=U_o/U_i=$_____， $P_o=U_o^2/(8R_L)=$_____W。

4. 观察自举电容的作用

（1）使功率放大器电路输出最大不失真信号波形。

（2）将自举电容 C4 断开，观察输出波形，并与正常波形进行对比。将观察到的波形记录在表 5-1-7 中。

表 5-1-7 输出波形记录

条件	接入自举电容 C4	断开自举电容 C4
波形		

四、故障检修

OTL 小功率放大器电路安装完成后，可能会出现故障，这里以"无声"故障为例来进行 OTL 小功率放大器电路的检修，其检修流程图如图 5-1-10 所示。

故障点设置见表 5-1-8，将对应的故障现象和原因补充完整。

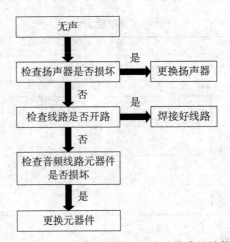

图 5-1-10 OTL 小功率放大器"无声"故障的检修流程图

表 5-1-8　　　　　　　　　　　　　　　故障点设置

故障设置方法	故障现象	原因分析
断开 R4		
断开 C3		
断开 C4		
断开 C1		
断开 C2		
短路 C5		
短路 C6		
断开 RP1		

实训 2　OTL 集成小功率放大器的安装、调试与检修

实训目的

1. 能进行 OTL 集成小功率放大器的安装与调试。
2. 能进行 OTL 集成小功率放大器常见故障的检修。

实训内容

1. 识读 OTL 集成小功率放大器电路原理图（图 5-1-11）。
2. 对整机所用的元器件进行识别与检测。
3. 根据技术文件和相关工艺要求安装 OTL 集成小功率放大器电路套件。
4. 根据电路图对安装好的电路板进行调试和检修。

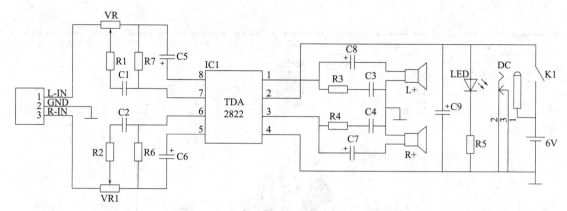

图 5-1-11 OTL 集成小功率放大器电路原理图

实训设备与工具

直流稳压电源、模拟式万用表、低频信号发生器、示波器、OTL 集成小功率放大器实验器件 1 套。

实训步骤

一、元器件识别与检测

在安装整机电路之前，必须要对整机所用的元器件进行检测，以减少故障的发生。根据表 5-1-9 的元器件清单核对元器件数量、规格和型号，并用万用表检测元器件的质量好坏。

表 5-1-9　　　　　　　　　OTL 集成小功率放大器元器件清单

序号	元器件代号	元器件名称	实物图	型号 / 规格	检测结果
1	R1、R2 R3、R4	色环电阻		4.7 kΩ	实测值：
2	R5、R6、R7			1 kΩ	实测值：
3	K1	电源开关		SK22D03VG2	质量：
4	DC	DC 插座		DC-005	质量：
5	C1、C2、 C3、C4	瓷片电容		0.1 µF	质量：

序号	元器件代号	元器件名称	实物图	型号/规格	检测结果
6	C5、C6、C7、C8	电解电容		10 μF/220 V	质量：
7	C9			470 μF/16 V	质量：
8	LED	发光二极管		φ3 mm，绿色	质量：
9	VR、VR1	电位器		B50K 双声道	质量：
10	IC1	集成电路		TDA2822	质量：
11	L+，R+	扬声器		4 Ω/5 W	质量：

二、OTL 集成小功率放大器电路的安装

对照图 5-1-11 所示的 OTL 集成小功率放大器电路原理图和表 5-1-9 的元器件清单，用焊接工具在电路板上安装元器件并进行焊接，完成 OTL 集成小功率放大器电路套件的安装。安装元器件时，注意电解电容、二极管的极性和三极管的管脚不要装错。图 5-1-12 所示为 OTL 集成小功率放大器装配实物图。

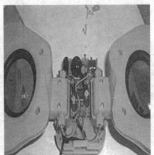

图 5-1-12　OTL 集成小功率放大器装配实物图

三、电路调试

1. 通电前的检查

电路安装完毕后，必须在不通电的情况下，对照电路图，对电路板进行认真、细致的检查，以便纠正安装错误。检查时应特别注意：

（1）二极管、电解电容极性是否接反，三极管、集成器件引脚是否接错，集成电路的型号及安插方向是否正确，引脚连接处有无接触不良等。在安装前应用万用表分别判断出二极管的阳极和阴极，三极管的基极、集电极与发射极。

（2）电源的正、负极性是否接反，正、负极之间有无短路现象，电源线、地线是否接触良好。用万用表 $R×1k$ 挡测量电路板电源两端的阻值（黑表笔接正电源输入端，红表笔接负电源输入端），$R=$_____Ω，正常应大于 $1k\Omega$。若阻值很小，说明电路有短路；若阻值很大，说明电路安装有误。对于不正常现象，应先予以排除，才可通电调整。

2. 通电调整

（1）将音源设备（如智能手机、iPad 等）与功率放大器输入端连接好，接上 6 V 电源，调节音量电位器，就可以听到扬声器发出声音。

（2）测量关键点的电压。

测量 TDA2822 功率放大器电路关键点的电压，并将数据记录在表 5-1-10 中。

表 5-1-10　　　　　　　　TDA2822 功率放大器电路关键点的电压

TDA2822 的 2 脚	$U_2=$_____V
TDA2822 的 1 脚和 3 ~ 8 脚	$U_1=$_____V $U_3=$_____V $U_4=$_____V $U_5=$_____V $U_6=$_____V $U_7=$_____V $U_8=$_____V

四、故障检修

TDA2822 功率放大器电路安装完成后，可能会出现故障，这里以"右声道无声"故障为例来进行 TDA2822 功率放大器电路的检修，其检修流程图如图 5-1-13 所示。

故障点设置见表 5-1-11，将对应的故障现象和原因补充完整。

表 5-1-11　　　　　　　　故障点设置

故障设置方法	故障现象	原因分析
断开 IC 2 脚的供电		
断开 C1		
断开 C2		
断开 C7		
断开 C8		
短路 C3		

续表

故障设置方法	故障现象	原因分析
短路 C4		
断开 C9		

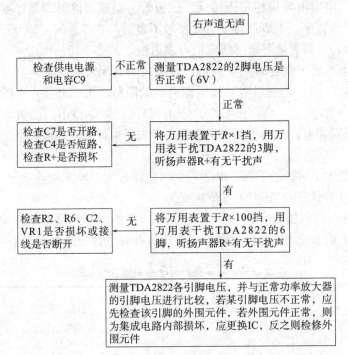

图 5-1-13　TDA2822 功率放大器电路"右声道无声"故障的检修流程图

§5-2　大功率放大器

学习目标

1. 了解大功率放大器的主要技术指标。
2. 熟悉大功率放大器的基本组成及用途。
3. 熟悉 OCL 大功率放大器的常见类型及原理。
4. 了解大功率放大器电源电路及保护电路的常见类型及原理。
5. 熟悉大功率放大器的常见故障及检修方法。

大功率放大器是专业音响系统的一个重要单元，是对输入的各种音频信号进行电压放大及电流放大，把小功率信号放大成大功率信号，实现功率放大的设备。大功率放大器常用于舞厅、剧院等场合。

一、大功率放大器的主要技术指标

一个好的大功率放大器，不仅要求其能准确地放大来自各声源的声音信号，还要求其能还原声源的音质。对于立体声系统，同时要求其能重现声音的位置以及周围的背景声、混响声和反射声等。具体评判一个大功率放大器的好坏，需要有一些具体的、客观的技术指标，具体如下：

1. 输出功率

大功率放大器的输出功率可达数百瓦，适用于超大功率的场合。如演出使用的专业功率放大器是立体声功率放大器，每个声道的输出功率都在 500 W 以上（家用功率放大器的输出功率约为 200 W）。为了获得较大的功率输出，要求功率管的电压和电流应有足够大的输出幅度，因此，器件往往在接近极限运行状态下工作，因而功率管的耗电量与其特性有很大关系，而与信号输出的大小则关系不大。

2. 频率响应

频率响应是指功率放大器能重放声音的频率范围。优质功率放大器的频率响应为 20 Hz ~ 20 kHz，不均匀度应保持在 ± 0.5 dB 以内。当然这个范围越宽越好，一些优质功率放大器的频率响应已经达到 0 ~ 100 kHz。

3. 非线性失真

大功率放大器是在大信号下工作，信号的动态范围很大，功率管工作在接近截止和饱和状态，超出了特性曲线的线性范围，所以不可避免地会产生非线性失真。

非线性失真主要包括谐波失真（THD）和互调失真（IMD）等。谐波失真除了与频率有关，还与功率放大器的输出功率有关，当功率放大器的输出功率接近于额定最大输出功率时，谐波失真急剧增大。

目前，优质功率放大器在整个音频范围内的总谐波失真一般小于 0.1%，多为 0.03% ~ 0.05%。专业功率放大器的总谐波失真应在 0.1% 以下，互调失真在 0.02% 以下。

4. 效率

由于大功率放大器输出功率大，而大功率需要高电压，高电压造成大功耗，这就存在效率问题。所谓效率就是负载得到的有用信号功率和电源供给的直流功率的比值。这个比值越大，效率越高。大功率放大器的主功率放大电路大多采用分立元件组成的 OCL 电路，效率较高。

但对专业功率放大器来说，要输出近千瓦的功率时，功率管的集电极电压必须在 100 V 以上，这就造成了很大的功耗。这是传统 OCL 大功率放大器无法解决的问题。而在传统 OCL 大功率放大器的基础上改进的 G 类放大器，则可以实现小信号时低电压供电，大信号时自动切换成高电压供电，使功率管基本上保持在接近满功率输出状态。

5. 信噪比

优质功率放大器的信噪比大于 72 dB，专业功率放大器的信噪比大于 100 dB。

6. 阻尼系数

阻尼系数是表示功率放大器内阻的指标，通常用额定负载阻抗与功率放大器输出阻抗的比值来描述。

一般音频功率放大器的阻尼系数，其最佳值是随音箱性能的不同而不同的。对于民用功率放大器，阻尼系数取 15 ~ 100 为宜；对于专业功率放大器，阻尼系数宜取 200 ~ 400 或更高。

表 5-2-1 和表 5-2-2 为两种不同品牌、不同输出功率的功率放大器的主要技术指标。

表 5-2-1　　　　　　　　雅马哈（YAMAHA）功率放大器的主要技术指标

型号		P2160	P2150	P2350	P2700	PC1602	PC2602	PC4002
输出功率	8 Ω（负载，下同）	2×80 W	2×100 W	2×170 W	2×350 W	2×160 W	2×260 W	2×430 W
	4 Ω	2×125 W	2×150 W	2×250 W	2×500 W	2×240 W	2×400 W	2×700 W
	8 Ω BTL	250 W	300 W	500 W	1 000 W	480 W	800 W	1 400 W
频率响应（不均匀度）		±0.5 dB（8 Ω，10 Hz～50 kHz，1 W）				±1 dB（8 Ω，10 Hz～50 kHz，1 W）		
谐波失真（20 Hz～20 kHz）		≤0.007%（额定功率输出）				≤0.005%（半额定功率输出）		
输入阻抗		>15 kΩ						
信噪比		≥115 dB				107 dB		≥106 dB
灵敏度		+4 dB（1.23V_{rms}）						
转换速率		±30 V/μs			±40 V/μs		±55 V/μs	±60 V/μs

表 5-2-2　　　　　　　　索尼（SONY）功率放大器的主要技术指标

型号	立体声输出功率		桥接单声道输出功率		谐波失真（20 Hz～20 kHz）	频率响应（20 Hz～20 kHz）	阻尼系数	灵敏度	固有噪声	输入阻抗
	8 Ω	4 Ω	16 Ω	8 Ω						
MV-A400	260 W	400 W	520 W	80 W	0.1%	±0.5 dB	>150（1 kHz，8 Ω）	0.75 dB（1.23V_{rms}）	<100 dB	>33 kΩ
MV-A200	130 W	200 W	260 W	400 W						
MV-A051	320 W	40 W	—	100 W	0.2%	—	>100	1.1 dB（1.23V_{rms}）	<40 dB	50 kΩ

二、大功率放大器的基本组成及用途

大功率放大器的组成框图如图 5-2-1 所示，主要由输入级、前置激励级、激励级、功率放大级、保护电路、电源、功率显示电路和音箱等组成。

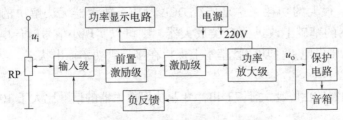

图 5-2-1　大功率放大器的组成框图

1. 输入级

输入级常采用差分输入的方式来克服温漂，以提高共模抑制比。其输入阻抗高（主要起缓冲和放大的作用），并引入一定的负反馈，以提高大功率放大器电路的稳定性，减小噪声和失真。

2. 前置激励级

前置激励级的作用是为后级电路提供足够的电压增益，并对后级电路的直流状态进行控制和调节。

3. 激励级

激励级的作用是向功率放大器输出级提供足够大的激励电流和静态偏置电压，驱动功率放大级工作。同时，激励级还对前置激励级输出信号的电压和电流进行放大，放大后的信号再经功率放大级进行放大，就可以推动音箱重放声音了。

4. 功率放大级

功率放大级的作用是向输入级提供负反馈信号，以改善功率放大器的性能，满足失真度和信噪比的要求，同时向保护电路、功率显示电路提供控制信号。

5. 保护电路

保护电路的作用是保护功率放大级的功率管和扬声器，以防过载损坏。

6. 电源

电源性能的好坏对高保真立体声放大器放音质量的好坏有极大影响。音响系统对电源的要求有输出电压稳定、纹波系数小、输出功率大、内阻小、50 Hz 杂散磁场干扰小。

此外，功率显示电路的作用是显示输出的功率；音箱的作用是对声音进行回放。

三、OCL 大功率放大器

目前，大功率放大器的主功率放大电路大多采用分立元件组成的无输出电容电路，即 OCL 功率放大电路，又称为直接耦合互补倒相功率放大电路。

互补倒相的连接方式如图 5-2-2 所示。该电路采用双电源供电，V1 和 V2 特性对称。静态时，V1 和 V2 均截止，输出电压为零；工作时，V1 和 V2 交替工作，正、负电源交替供电，输出与输入之间双向跟随。

不同类型的两只三极管交替工作，且均组成射极输出形式的电路，称为"互补"电路，两只三极管的这种交替工作方式，称为"互补"工作方式。

该连接方式无输出耦合电容，使放大器重放的低频得到了一定的扩展（低频端可以延伸到 10 Hz 以下，其电声指标大大超过了 OTL 电路）；采用

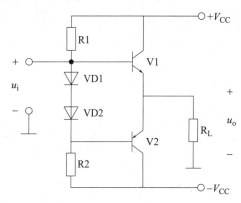

图 5-2-2 互补倒相的连接方式

正、负电源交替供电，使两只互补功率管能够交替工作；在供电电压较低时，可以获得较大的功率输出；由于是定压式输出，对负载的阻抗要求不高。

1. 典型 OCL 大功率放大器

（1）典型 OCL 大功率放大器的结构

图 5-2-3 所示为典型 OCL 大功率放大器的结构图，其主要由输入级、中间增益级（前置激励级）、激励级、输出级（功率放大级）和保护电路组成。各部分的作用参见大功率放大器的基本组成。

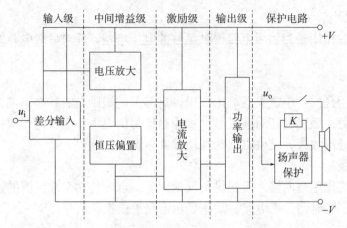

图 5-2-3　典型 OCL 大功率放大器的结构图

（2）典型 OCL 大功率放大器的工作原理

典型 OCL 大功率放大器的电路原理图如图 5-2-4 所示。V1 和 V2 组成差动放大器作为输入级，以抑制零点漂移。V3 为推动激励管，同时具有使输入信号倒相的作用。V4、V5 为互补推挽功率输出管，交替导通，使扬声器得到一个完整的全波信号。R5 为负反馈电阻，它能使 V1 ~ V5 处于稳定工作状态，并使输出端的静态电压稳定于 0 V。

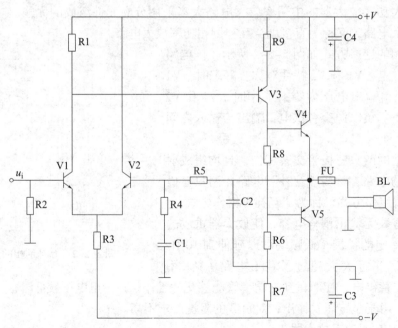

图 5-2-4　典型 OCL 大功率放大器的电路原理图

由于 OCL 电路的输出与扬声器是直接耦合的，若输出级中点电位不为 0 V，将有直流流入扬声器，使音圈偏离中点，产生额外的失真，甚至烧坏扬声器，所以 OCL 电路的中点必须确保为直流零电位。为此，有的电路设有专用保护电路，例如，增加延时通断继电器，防止因反馈电容的存在，在开 / 关机瞬间产生的强冲击电流烧坏扬声器；设置熔断器对扬声器进行保护等。

2. 改进型 OCL 大功率放大器

OCL 电路的电源对称性比 OTL 电路好，噪声极小，但激励电平仍是不平衡的，需从以下几个方面改进其电声性能：

（1）尽量减小大环路的负反馈量，增大每一级的内部反馈量。

（2）用特征频率为几百到几千兆赫兹的超高频中功率管作为末级和前级电压放大器件，这样就有可能去掉或减小中和电容的数值，以减小发生瞬态互调失真的概率。

（3）提高电路的对称性，如前级用甲类或推挽放大，采用全互补输出管等。

改进型 OCL 大功率放大器主要有全对称型和超甲类两类。

（1）全对称型 OCL 大功率放大器

近年来，在大功率放大器中较多采用全对称型 OCL 电路，图 5-2-5 所示的 DC 放大器电路即采用这种类型。全对称型 OCL 电路中输入级、推动级、输出级全部采用互补对称电路，充分发挥了 PNP 管和 NPN 管的优点，改善了开环性能，瞬态响应好。

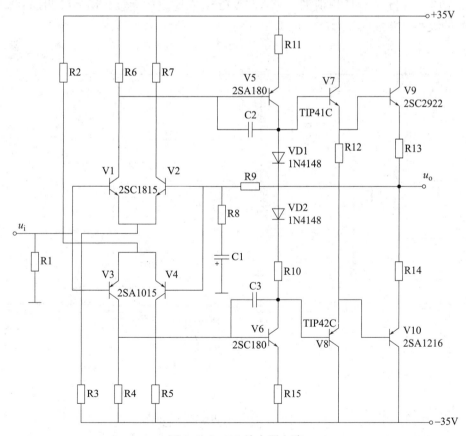

图 5-2-5　DC 放大器电路

图 5-2-5 中，将 OCL 电路的输入级接成互补差分放大器，以实现全对称的平衡激励。电压放大级采用互补对管 V5、V6 构成互补推挽电路。互补对管 V7、V8 构成射极跟随器，使电压放大级具有较高的负载阻抗和增益，同时它又为输出级提供较低的输入内阻，可以

加快对输出级功率管结电容的充电速度，改善电路的瞬态特性和频率特性。输出级仍采用 OCL 的形式。放大级之间的耦合采用直接耦合方式，消除了输出电容、自举电容和耦合电容等的不良影响。同时，为了稳定放大器输出端的零电位，在放大器的反馈环路中还保留了一只电容，这只电容容量很大，一般采用电解电容，以保证放大器的低频信号放大范围在 1～20 Hz。全对称型 OCL 电路的瞬态指标比普通的 OCL 电路高。如果把两对互补对管集成在一块硅片上，并选用对称性良好的激励管和输出管，其性能还可以进一步提高。

（2）超甲类 OCL 大功率放大器

超甲类 OCL 大功率放大器是指无截止状态的大功率放大器，是为完全消除甲乙类和乙类交越失真而出现的一种新型放大器。它采用的关键技术是动态偏置，动态偏置能使功率放大器兼有甲类不截止和乙类效率高的优点。

超甲类 OCL 大功率放大器由双差分输入级、电压放大级、输出级、超甲类动态偏置电路和输出保护电路等组成，其电路原理图如图 5-2-6 所示，V9、V10、V11、V12 组成超甲类动态偏置电路，该电路是超甲类 OCL 大功率放大器的关键部分。其中，V10 是 V9 的镜像恒流源，V12 是 V11 的镜像恒流源，V10 和 V12 组成检波放大级，用来检测加到输出级的激励信号的大小，并加以放大。

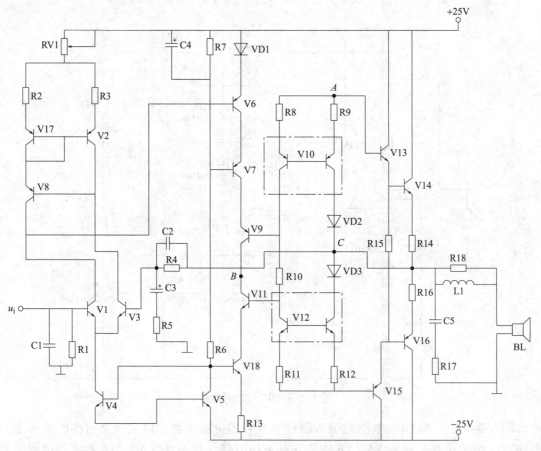

图 5-2-6　超甲类 OCL 大功率放大器电路原理图

在无信号或信号较小时，偏置电压小，静态电流也小。当输入正半周信号时，信号电流分成两路，一路从 A 点经 R9、V10 和二极管 VD2 流向 C 点，显然随着信号幅度的增大，电流也会增大；另一路从 A 点经 R8、V10、R10 和 V11 流到 B 点。由于电流流过电阻 R10，使 R10 的压降增大，V9 集电极与发射极间的电压增大，因此 A、B 之间的端电压升高，从而防止 V15、V16 截止。同理，当输入负半周信号时，V9、V12 工作，V13、V14 也不会截止，这样就自动调整了偏置，达到动态偏置的目的，即不管输入信号如何变化，总有三极管处于导通状态，也就不会产生交越失真和开关失真。末级实现超甲类偏置后，失真显著减小。

3. 实用型 OCL 大功率放大器

图 5-2-7 所示为标准双差动输入 OCL 电路的结构框图，图 5-2-8 所示是以此为框架设计的实用型 OCL 大功率放大器电路原理图。该电路采用 ±35 V 直流电源供电，在负载（扬声器）阻抗 R_L=8 Ω 时能提供 63 W 不失真功率输出；若 R_L=4 Ω，则电路的最大不失真功率输出可达 100 W。

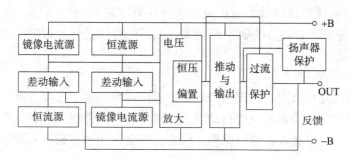

图 5-2-7 标准双差动输入 OCL 电路的结构框图

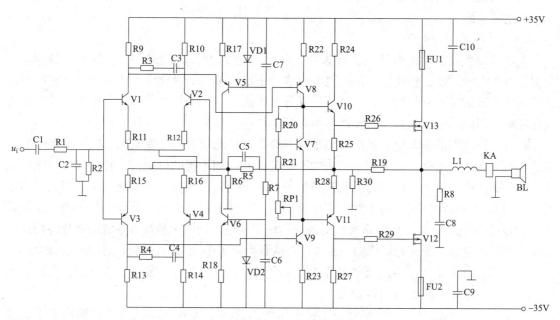

图 5-2-8 实用型 OCL 大功率放大器电路原理图

（1）输入级

输入级主要由 V1～V4 组成的互补差分放大电路构成。C1 为输入耦合电容；R1、C2 组成低通滤波器，以阻止超音频干扰信号进入；R2 为输入级 V1 和 V3 的偏置电阻；R11、R12、R15、R16 用于引入电流负反馈，以改善非线性失真和瞬态互调失真；恒流管 V5、V6 为输入级提供静态电流。

（2）激励级

V8、V9 组成激励级。激励级将来自输入级的音频信号进行放大，放大后的激励信号从 V8、V9 的集电极直接耦合至输出级。

（3）恒压偏置电路

V7 和 R20、R21、RP1 组成恒压偏置电路，为输出级提供静态偏置电压，调节 RP1 可以改变输出级大功率管的静态电流。

（4）输出级

V10～V13 组成倒置式互补推挽输出级。其中，V12 是 P 沟道场效应管，V13 是 N 沟道场效应管，这种设计使该级除具有电流放大作用外，还具有电压放大作用。电阻 R30 和 R19 为本级负反馈电阻，以减小失真。经功率放大后的音频信号通过继电器开关送入扬声器放音。

（5）过流保护电路

由于场效应管的漏极电阻与温度之间具有正温度系数关系，温度升高将使漏极电阻的阻值增大，从而使流过场效应管的电流自动减小，再配合串接在场效应管供电电路中的熔断器 FU1 和 FU2，即可对功率放大器进行保护，因此，该电路无须单独设置功率放大器保护电路也能可靠地工作。

四、电源电路及保护电路

1. 电源电路

（1）供电电源的类型

大功率放大器的供电电源主要有非调整电源、线性调整电源和开关模式电源三种类型。非调整电源由变压器、整流器和滤波电容组成，是最简单的一种供电电源。线性调整电源是在非调整电源的基础上，增设自动调压器部分而构成的。开关模式电源是一种采用脉宽调制或脉冲频率调制的电源，其调整元件工作在开关状态。

在这三种类型的电源中，采用非调整电源最具有经济效益。非调整电源能在瞬态峰值上馈送较大的功率，不存在开关频率带来的不稳定性和高频干扰的可能性，且能有效消除频域的纹波。通常典型放大器的设计都具有极好的电源干线抗干扰能力，因此，大功率放大器采用简单的非调整电源即可。对于线性调整电源而言，其电路复杂（具有两个复杂的负反馈系统），如果其中任意一个负反馈系统出现高频不稳定现象，则两个负反馈系统的耦合将极易松散。开关模式电源属于高频干扰的多发源，要从音频输出中全部消除高频干扰是极其困难的。

与非调整电源相比，线性调整电源和开关模式电源的结构相对复杂，成本高，对瞬态电流需求的反应较慢，转换效率较低。

通常家用功率放大器的功率管集电极电压约为 35 V；专业功率放大器要输出近千瓦的功率，其集电极电压必须在 100 V 以上，所以大功率放大器的供电电源一般采用非调整电源，以获得高稳定性、高转换效率及高电压。

（2）电源的关键部件

电源最关键的部件是变压器和滤波电容。

大功率放大器功率管的集电极电压很高，为了使功率放大器尽量工作在线性区，电源容量取值很大，要求采用较大容量的变压器。现在的专业功率放大器都采用环形变压器。与其他类型的变压器（如 E 形和 C 形）相比，环形变压器绕制变压器线圈的漆包线长度最短、体积最小，但开口面积最大，因此，可以增加绕制导线的截面积。环形变压器具有用料少、质量轻、外界干扰小、空载电流小、自身杂散磁场低等特点。

为了保证输出的纹波系数较小，并满足系统平衡的要求，使电路不致产生削波失真，滤波电容通常选用优质特大容量的电解电容，电容量为几万微法，甚至十几万微法。为了防止大容量滤波电容存有一定的感抗而阻碍高频信号通过，往往采用多个 10 000 μF 主电解电容串 / 并联使用的方式，以提高耐压，扩大容量。

除变压器和滤波电容外，由于较高的集电极电压会使功率管的功耗增加、温度升高，为了降低功率管的温度，这类功率放大器都安装有较大的散热片和散热风机。

图 5-2-9 所示为大功率放大器电路实物图，从图中可以清晰地看到环形和 E 形铁芯。

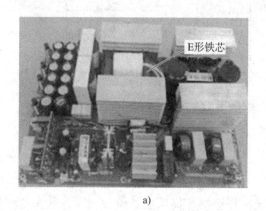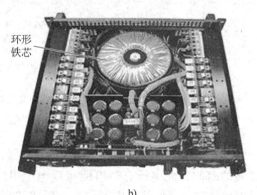

a)   b)

图 5-2-9　大功率放大器电路实物图

a）采用 E 形铁芯的电路　b）采用环形铁芯的电路

2. 保护电路

大功率放大器工作在高电压、大电流、重负荷的条件下，当强信号输入或输出负载短路时，输出级的功率管会因流过的电流过大而损坏；另外，当强信号输入或开 / 关机时，扬声器也会因经不起大电流的冲击而损坏。因此，必须对大功率音响设备的功率放大器设置保护电路。

常用的保护电路有过载保护电路、扬声器保护电路、热保护电路及内部熔断器保护电路等。

（1）过载保护电路

常用的电子保护电路有切断负载式、切断信号式和切断电源式等。

切断信号式及切断电源式保护电路对除信号和电源以外其他原因导致的过载不具备保护能力，且切断电源式保护电路对电源的冲击较大，因此实际中使用较少。这里主要介绍切断负载式。

切断负载式保护电路主要由过载检测及放大电路、继电器两部分组成，如图5-2-10所示。当放大器输出过载或中点电位偏离零点较多时，过载检测及放大电路输出过载信号，控制继电器，使扬声器回路断开。

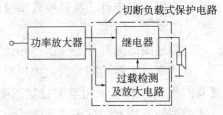

图5-2-10 切断负载式保护电路的结构图

图5-2-11所示为切断负载式保护电路原理图，其工作过程如下：当电路过载时，整流桥检测到过载信号，V1导通，V2截止，V3导通，使继电器KA吸合，左、右扬声器断开，从而对电路进行保护。

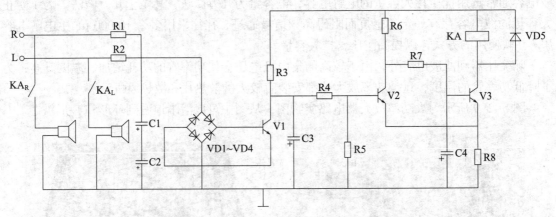

图5-2-11 切断负载式保护电路原理图

（2）扬声器保护电路

由于OCL电路开启瞬间有一个平衡过程，此过程中输出中点有一个从直流电位向零电位过渡的时间，此电压有时可能接近电源电压，会烧坏扬声器音圈；此外，OCL电路在使用时出现故障也会使输出中点偏移，形成的直流高压会损坏扬声器。例如，在一些大功率放大器中使用了数万微法的滤波电容（图5-2-12中的电容C5即为此种电容），交流断电后电容有一个放电过程，此过程伴有中点偏移现象，对扬声器产生威胁；同时，在绝大多数功率放大器中均有一个总反馈回路，该回路也可能因某些元件失效而使输出产生一个直流偏移电压，同样也可能损坏扬声器。

扬声器保护电路是伴随着OCL大功率放大器的应用而产生的，常见的扬声器保护电路如图5-2-12所示。为了避免扬声器损坏，可以采用以下几种方法进行扬声器直流保护：

1）在功率放大器的输出端设置熔断器（图5-2-8）。其依据是不正常的直流电压将产生持续性电流而使熔断器熔断，但音频信号电流却不会使熔断器熔断。

2）在输出端设置继电器。一旦检测出有直流偏置电压，继电器即实施断路功能（图5-2-8、图5-2-11）。图5-2-12所示的扬声器保护电路中还增加了交流断电保护功能，当变压器断电后，经二极管整流产生的负电压立刻消失，交流保护三极管V5由截止变为导通，将继电器驱动管V6的基极接地，继电器随之释放，断开扬声器。扬声器保护电路中的继电器故障率极高，常见故障有触点接触不良和继电器烧损等。

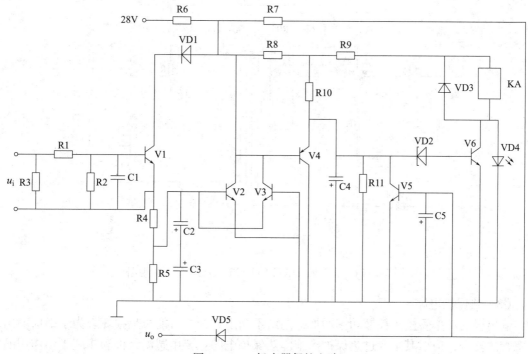

图 5-2-12　扬声器保护电路

3）在输出端设置消弧器。一旦出现触点接触不良甚至继电器烧损的故障现象，消弧器将使输出端接地，并使电源干线上的熔断器断路。图 5-2-13 所示为常见的消弧器电路。将三端双向可控硅开关 V1 跨接在输出端，输出信号由 R1、C1 组成的滤波电路进行低通滤波。如果在 C1 上建立的直流电压聚积到足以使二端交流开关 VD1 导通，即可触发三端双向可控硅开关 V1，并使其输出端对地短路，以实现直流保护。

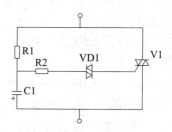

图 5-2-13　消弧器电路

4）采用开关式电源。若直流电压不正常，开关式电源提供一个阻断式输入即可使电源关断。图 5-2-14 所示为基于集成电路 UPC1237 的扬声器保护电路，它除了具有图 5-2-13 所示电路的所有功能外，还具有故障解除与自动恢复功能。UPC1237 的 1 脚是过流检测端，2 脚是中点偏移检测端，3 脚是复位方式选择端（接地为自动恢复，接电容为断电恢复），4 脚是交流断电检测端，5 脚是接地端，6 脚是继电器驱动端，7 脚是 RC 延迟端，8 脚是电源端（不得超过 8 V）。

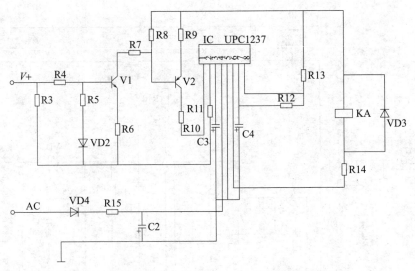

图 5-2-14 基于集成电路 UPC1237 的扬声器保护电路

（3）热保护电路

输出级的功率管由于耗散功率增加，温度不断上升，有可能过热损坏。为了确保输出级功率管的安全，应对其采取过热保护措施。热保护电路主要由感温元件和实施干预作用的电路组成。

（4）内部熔断器保护电路

内部熔断器保护电路是指在放大器内部设置熔断器，以对放大器自身进行保护的一种措施。最常用的熔断器主要有电源干线熔断器、电源变压器二次侧熔断器及电源熔断器等。

五、大功率放大器的常见故障及检修方法

1. 完全无声故障及检修方法

音箱完全无声的原因大致有两种，一种是音箱中无电流通过，因而不工作；另一种是功率放大器不工作，通电后放大器无任何反应。

音箱中无电流通过时，检查其连接线路及音箱是否正常，并进行调整即可。

功率放大器不工作的可能原因有以下三种：

（1）功率放大器电路无供电电压，电源电路存在故障。其检修方法为：用万用表测量电源插头两端的阻值是否正常。若阻值偏小，则可能是变压器的一次侧回路有局部短路；若阻值为∞，应检查熔断器是否熔断、变压器绕组是否开路、电源线与插头之间有无断线、整流电路部分的整流二极管及其连接线有无开路。若电源熔断器熔断，应着重检查滤波电容是否被击穿和电路板上的元件有无短路，先排除短路故障，才可再次通电。若电源插头两端的阻值正常，可通电测量电源电路各输出端的电压是否正常。

（2）功率放大器输出端中点电压不正常。功率放大器输出端中点电压不正常的原因主要是电路工作点没有调好，晶体管在使用一段时间后参数发生了变化。若中点电压不正常，将导致电路工作失常（若中点电压偏离正常值过多，轻则会使声音失真，重则使晶体管损坏，甚至烧毁扬声器）。

（3）信号传输中断。由于功率放大器系统是由多级放大器构成的，因此，引起信号传输中断的故障可能存在于信号输入级、前置放大级、激励级、输出级甚至各级间的耦合通道上。可以使用信号注入法逐级检查故障发生在功率放大器的哪一部分。

2. 音轻故障及检修方法

音轻是指音频信号在放大和传输过程中，因某种原因使放大器的增益下降或输出功率变小，导致当音量电位器开到最大时声音仍然很小。

造成功率放大器音轻的原因主要有以下三种：

（1）信号源送来的信号较弱或音箱本身有故障。检修时，首先应检查信号源和音箱是否正常。可以更换新的信号源和音箱，然后检查各类转换开关和控制电位器，听音量能否变大，若音量并无明显增大，则是功率放大器本身的问题。这时就要判断故障是在功率放大器前级电路还是后级电路。

（2）功率放大器的输出功率不足或增益不够大。检测时应加大输入信号，判断输出的音量是否增大。若音量增大，说明功率放大器的增益有所下降，此时可以适当减小负反馈，以提高增益；若音量无明显变化，应查找引起增益下降的原因，如应着重检查负反馈电阻的阻值是否增大（或电阻开路）、负反馈电容的容量是否变小（或电容开路）、耦合电容的容量是否偏小、隔离电阻的阻值是否增大等。若声音出现失真，而音量并无增大，说明功率放大器的输出功率不足，应先检查放大器的正、负供电电压是否偏低（若只有一个声道音轻，可以不必检查电源供电）；若电源正常，应检查各级电路的静态工作点及三极管的放大倍数，判断功率管和集成电路的性能是否变差。

（3）直流工作电压偏低。若直流工作电压低于正常值，说明功率放大器的输出功率不足。直流电压越低，功率放大器输出的功率越小。若供电电压过低，会使三极管进入截止状态，从而导致无声。此时应从电源方面查找原因，检查变压器、整流二极管及滤波电容的工作特性是否正常，并更换有问题的元器件。

3. 声音失真故障及检修方法

声音失真是指由于功率放大器本身的故障或调试不当造成的类似声音发干、发软、发沙、发尖及层次不清等现象，其原因主要有以下三种：

（1）低频响应差，低音松弛无力。最常见的原因是 OCL 电路中旁路电容或反馈电容的容量过小。根据可能的原因检修或更换相关电容。

（2）高频响应差，声音不清晰。造成高音效果不好的原因有：在制作功率放大器时电路的结构布局不合理，引起高频自激；功率放大器晶体管本身的特性不好和消振电容的容量过大。根据可能的原因调整电路布局或更换相关元器件。

（3）声音暗沉，频率特性不均匀。这种情况大多发生在具有音量、音调控制的功率放大器中，检修时可以先断开音调控制电路，听声音效果有无改善。如果确实是由音调控制电路引起的，应着重检查音调控制电路中各元器件的参数，如调整电位器是否开路、电容容量是否减小或失效、元器件参数是否合适等，找到原因后再加以排除。

4. 噪声大故障及检修方法

功率放大器在工作时不可避免会存在噪声，若噪声过大，会降低信噪比，不仅影响音质，而且让人心烦。产生噪声的原因主要有以下四种：

（1）由电源整流、滤波和稳压元件损坏引起的电源滤波不良，或退耦电容虚焊、失效，以及接地线的走向及排列不当，都会产生一种类似交流声的低频振荡噪声。

（2）输入级晶体管等元件的性能不良，产生连续"沙沙"响的白噪声。

（3）信号输入插头与插座、转换开关、电位器等元件接触不良或断裂，差分输入管或输出对管软击穿，也会产生类似电火花的"咔咔""噼啪"间断的爆裂声。

（4）输入信号线的接地端开路或信号连接线屏蔽不良，使电源变压器的漏磁通和外界一些杂散的电磁场强烈干扰电路而产生复杂且刺耳的交流感应噪声。

要消除噪声，首先要确定噪声发生在哪一级，可以采用逐级短路法来判断，从前级往后级逐级试验。先把各级放大电路的输入端对地短路，如果噪声减小或消失，说明故障在前级电路，反之故障在后级电路。若某一级输入端通过电容或电位器接地后，噪声反而增大，说明该噪声是由接地线的干扰产生的，应调整接地线的位置。

5. 自激啸叫故障及检修方法

自激啸叫故障是电路中存在自激引起的，即输出的信号通过某种正反馈路径又加到了放大器的输入端，使信号再次被放大、反馈、再放大、再反馈……最终导致失控出现单频啸叫声。

啸叫又分为低频啸叫和高频啸叫。低频啸叫是指频率较低的"噗噗"或"嘟嘟"声，通常是由于电源滤波或退耦不良所致（在啸叫的同时往往还伴有交流声），应检查电源滤波电容、稳压器和退耦电容是否开路或失效，使电源内阻增大。功率放大器集成电路性能不良，也会出现低频啸叫故障，此时集成电路的工作温度会很高。高频啸叫的频率较高，通常是放大电路中高频消振电容失效或前级运放集成电路性能变差所致。可以在后级放大电路的消振电容或退耦电容两端并接小电容来检查。另外，负反馈元件损坏、变值或脱焊时，也会引起高频正反馈而出现高频啸叫。

实训 3 双差分输入 OCL 大功率放大器的检修

实训目的

1. 掌握双差分输入 OCL 大功率放大器的结构与原理。
2. 能进行双差分输入 OCL 大功率放大器常见故障的检修。

实训内容

1. 识读双差分输入 OCL 大功率放大器电路原理图（图 5-2-15）。
2. 模拟双差分输入 OCL 大功率放大器电路的故障，并进行检修。

实训设备与工具

直流稳压电源、模拟式万用表、低频信号发生器、示波器、双差分输入 OCL 大功率放大器实验器件 1 套。

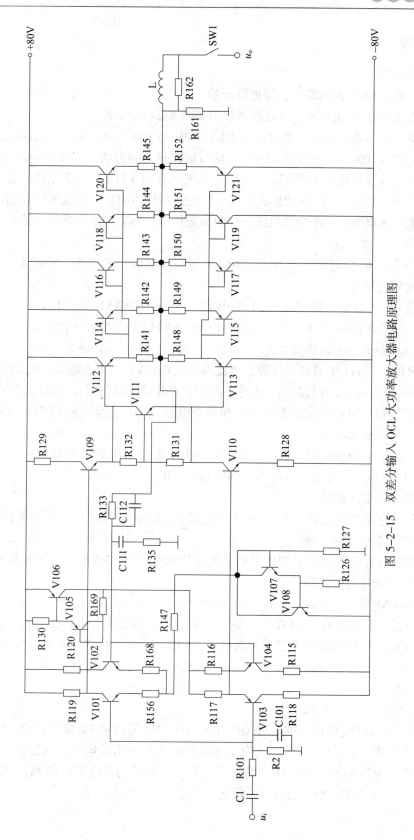

图 5-2-15 双差分输入 OCL 大功率放大器电路原理图

实训步骤

一、电路分析

1. 双差分输入 OCL 大功率放大器电路分析

双差分输入 OCL 大功率放大器电路原理图如图 5-2-15 所示。

第一级输入级是由正负极性差分放大电路 V101～V104 组成。第二级电压放大级为推挽式放大电路，由 V109、V110 组成，对输入信号进行进一步放大，以维持输出信号的稳定，该级同时具有校正中点电压的作用。第三级电流放大级由 V112、V113 组成，起电流放大作用。输出级由 V114～V121 四对功率管组成。该电路的特点有：电流放大级和输出级组成二级达林顿电流放大电路；每个差分电路通过恒流源供电；具有交流负反馈功能。

（1）音频信号放大过程

音频信号经过耦合电容 C1、电阻 R101 加到差分电路中三极管 V101 和 V103 的基极。音频信号的放大过程为：

正极性信号→ V101 → V109 → V112 → V114 → V116 → V118 → V120。

负极性信号→ V103 → V110 → V113 → V115 → V117 → V119 → V121。

（2）输出级静态电流调整过程

R131、R132、V111 组成输出级静态电流调整电路。V111 导通越强，U_{ce} 越小，V112 与 V113 的基极电压也越小，V112、V113 导通越弱，其输出电流越小，R141、R148 上的电压也越小，从而使输出级功率管的基极电压和静态电流越小；相反，V111 导通越弱，输出级功率管的静态电流越大。

若 V111 处于不导通状态，会危及 V112、V113 及输出级的功率管。例如，若未安装 V111，或 V111 开路，会使输出级功率管的静态电流增大，从而将其烧坏。

2. 扬声器保护电路分析

扬声器保护电路原理图如图 5-2-16 所示。其中，CD4093 是 4 与非门施密特触发器。

（1）输出级功率管高温保护

当散热器温度超过 85℃时，TR1 温度检测元件触点断开，V5 截止，继电器 KA 释放。

（2）输出级功率管过流保护

当输出级 PNP 管过电流时，光电耦合器 PB 导通，输出端并接于电阻 R4 两端，光电耦合器 PB 中的三极管导通后，R4 短路，触发器 1 脚和 2 脚的输入电压由高电平翻转为低电平，触发器 3 脚的电压由高电平翻转为低电平，5 脚的电压由低电平翻转为高电平，4 脚的输出电压由高电平翻转为低电平，二极管 D2 导通，V9 的基极为低电平，V9 截止，V5 截止，继电器 KA 释放。

（3）输出信号峰值电压保护

当输出信号峰值电压过强时，经 D1、D6、D3、D4 整流和 R0 降压后送 C5 进行滤波，变成平滑的直流电，V3 导通，其集电极电压由高电平翻转为低电平，触发器 12 脚和 13 脚的输入由高电平翻转为低电平，11 脚的输出由高电平翻转为低电平，10 脚的输出由高电平翻转为低电平，D7 导通，V9 截止，V5 截止，继电器 KA 释放。

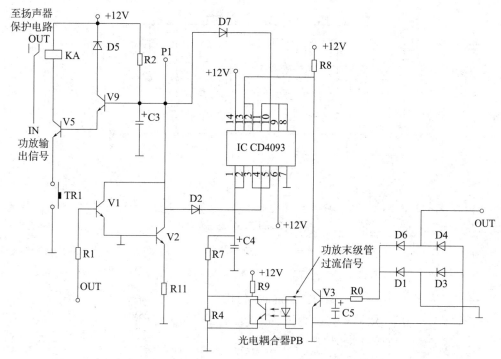

图 5-2-16　扬声器保护电路原理图

（4）中点电压失衡保护

当中点电压大于 2.1 V 时，V1 导通，V9 的基极电压为 0 V，V9 截止，V5 截止，继电器 KA 释放。当中点电压小于 -2.1 V 时，V2 导通，V9 的基极电压为负电压，V9 截止，V5 截止，继电器 KA 释放。

（5）延时接通负载保护

刚开机时，+12 V 通过电阻 R2 对 C3 充电，当充电到 1.4 V 时，V9 导通，V5 导通，继电器 KA 吸合。充电时间即为延时接通负载时间。

3. 电源电路分析

电源电路原理图如图 5-2-17 所示，它提供三种电压：± 80 V 供功率放大器电路使用；± 12 V 供前置放大电路使用；+12 V 供保护电路使用（通过稳压电路提供）。

二、故障维修

1. 功率放大器电路维修

本功率放大器电路故障大多数为二级达林顿管烧坏。

故障现象：功率放大器不工作，一开机就烧坏熔断器，中点电压失衡。

故障原因：一般为三极管 V112 与 V113、V109 与 V110 匹配不好；若中点电压为电源电压 +80 V 或 -80 V，一般为第一级达林顿管饱和导通，其原因大多数为差分电路故障。

检修过程：用万用表测量功率放大器电路的中点电压，判断第一级达林顿管是否饱和导通。若饱和导通，则测量输出级功率管的基极电压。正常情况下，输出级功率管的基极电压为 ± 0.53 V。

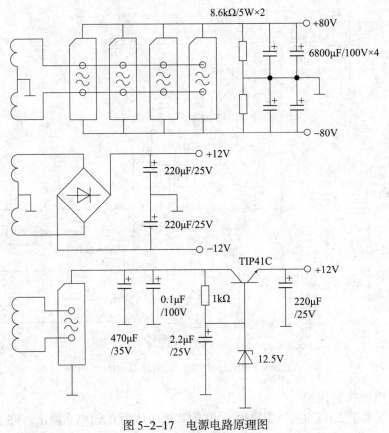

图 5-2-17　电源电路原理图

若第一级达林顿管的基极电压不正常，则按以下步骤检修：

检查 V112 与 V113 本身是否有问题、发射极电阻 R141 和 R148 是否开路。若无问题，则按下一步骤进行检查。

检查偏置三极管 V111 及其附属电路是否正常。

检查第二级推挽式电压放大电路是否正常。例如，检查 V109、V110 是否正常，或电阻 R129、R128 是否开路或变值。当然，第二级的差分电压及负反馈不正常也会影响第一级达林顿管基极的电压。

2. 保护电路维修

故障现象：

（1）功率放大器电路没有故障，但继电器不吸合。

（2）功率放大器电路有故障，但保护电路不动作。

第一种情况的故障原因：

（1）扬声器保护电路 +12 V 供电不正常。

（2）V5 或 V9 损坏，继电器不得电。

（3）集成电路（CD4093）不正常或其外围电路不正常，使 V9 截止。

（4）V1 或 V2 击穿，使 V9 截止。

第二种情况的故障原因：

（1）集成电路（CD4093）损坏。

（2）V5 或 V9 损坏。

检修过程：先检查供电是否正常，若不正常，应重点检查 +12 V 供电电路；若正常，则根据故障原因逐步检查。

模拟故障：将功率放大器电路的 V112、V113 拆下，换成已经击穿的对应的三极管；将 V5 换成开路的 V5。

开机故障：_____。

检修过程：用万用表的电阻挡测量末端 ±80 V 端子之间的阻值为_____Ω，用万用表测量输出级 PNP 管、NPN 管基极与集电极之间的阻值为_____Ω。拆下输出级功率管，测量 ±80 V 端子之间的阻值为_____Ω。拆下第一级达林顿管 V112 和 V113，测量其是否损坏。

若 V112 和 V113 均正常，则将其装复，拆下输出级功率管，开机测量输出级功率管基极的驱动电压为_____V，中点电压为_____mV。把输出级功率管装复，若测得其基极驱动电压与中点电压无变化，则说明功率放大器电路已恢复正常。

若试机时_____电路仍不工作，则检查扬声器保护电路，测得其供电电压为_____V；测量 V9、V5 各极的电位及极间电阻，并将结果填入表 5-2-3 中。若故障为三极管_____的极间开路，对其进行更换后，开机继电器能吸合，试机听音正常。

表 5-2-3 测量结果记录

V9	$U_b=$	$U_c=$	$U_e=$	处于_____ _____状态
	$R_{be}=$	$R_{be}=$	$R_{ce}=$	
V5	$U_b=$	$U_c=$	$U_e=$	处于_____ _____状态
	$R_{be}=$	$R_{be}=$	$R_{ce}=$	

§5-3 数字功率放大器

学习目标

1. 熟悉数字功率放大器的基本组成。

2. 掌握 D 类、$\triangle-\sum$ 型 PWM 数字功率放大器的工作原理。

数字功率放大器也称为开关型功率放大器，是一种将输入模拟音频信号或脉冲编码调制信号变换成脉冲宽度调制（PWM）或脉冲密度调制（PDM）信号，然后用脉冲信号去控制大功率开关器件通断的音频功率放大器。

数字功率放大器具有失真小、噪声低、效率高、动态范围大等特点，在音质的透明度、解析度，背景的宁静程度以及低频的震撼力度方面是传统功率放大器不可比拟的。以前，由于价格和技术方面的原因，这种放大电路只在实验室或高价位的测试仪器中应用。这几年的技术发展使数字功率放大器的元器件集成到 1～2 块芯片中，价格也在不断降低，应用也越来越广泛。例如，语音信号数字化处理系统（数字音响系统）即应用了数字功率放大器，该系统的组成框图如图 5-3-1 所示。

图 5-3-1　数字音响系统的组成框图

一、数字功率放大器的基本组成

数字功率放大器由脉冲信号发生器、脉冲宽度调制器、开关功率放大器、低通滤波器和扬声器等组成（图 5-3-2）。脉冲信号发生器产生占空比为 50% 的矩形波，送入脉冲宽度调制器，输入的音频信号对占空比为 50% 的矩形波进行脉冲宽度调制，脉冲宽度调制器输出与音频信号幅度成正比的脉冲宽度调制信号，将其送至开关功率放大器，以控制输出级功率管的导通与截止时间。输出级功率管的导通与截止时间取决于已调矩形波的占空系数，由输出级功率管输出的脉冲信号经低通滤波器滤波后，送入扬声器使其发声。

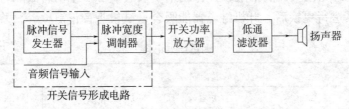

图 5-3-2　数字功率放大器组成框图

二、D 类数字功率放大器

1. 信号放大过程

图 5-3-3 所示为 D 类数字功率放大器放大音频信号的过程。通过脉冲宽度调制器将输入信号变换为数字脉冲信号，对其进行放大后再输出，然后用低通滤波器（LPF）提取音频信号，送入扬声器使其发声。

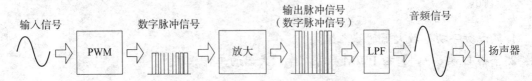

图 5-3-3　D 类数字功率放大器放大音频信号的过程

2. 分类

D 类数字功率放大器分为半桥式和全桥式两种。

（1）半桥式 D 类数字功率放大器

图 5-3-4 所示为一个基于 PWM 的半桥式 D 类数字功率放大器简化图。首先将输入的音频信号和一个固定频率（一般为 250 kHz）的三角波进行比较，得到一个脉冲宽度调制

（PWM）的方波信号，每个脉冲宽度实时体现了输入信号的幅度。将此信号送到由开关管组成的功率放大器进行脉冲功率放大，输出晶体管轮流通断，使输出端在 V_{DD} 与地之间交替切换，最终输出一个高频方波。输出的方波信号再经一个低通滤波器进行解调，得到音频信号，从而推动扬声器发声。

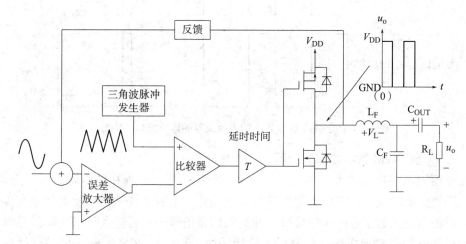

图 5-3-4　基于 PWM 的半桥式 D 类数字功率放大器简化图

（2）全桥式 D 类数字功率放大器

全桥式 D 类数字功率放大器采用两个半桥输出级，并以差分方式驱动负载，其电路原理图如图 5-3-5 所示，这种负载连接方式通常称为桥接负载（BTL）。两条对角线上的开关管工作状态相反并且轮流通断，因此，负载电流可以双向流动（无须负电源或隔直电容），在负载两端产生一个差分 PWM。图 5-3-6 所示为全桥式 D 类数字功率放大器的输出波形。由波形可以看出，在相同的电源电压下，全桥式的输出电压是半桥式的 2 倍，即最大输出功率是半桥式的 4 倍。但由于全桥式的开关管个数是半桥式的 2 倍，这对于大功率输出的放大器而言会产生更多的传导和开关损耗。

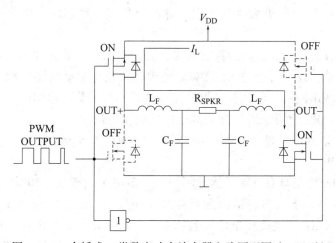

图 5-3-5　全桥式 D 类数字功率放大器电路原理图（BTL 型）

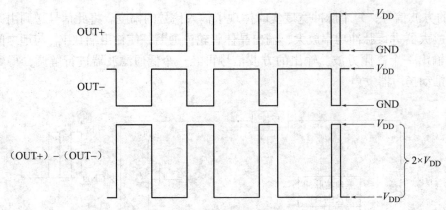

图 5-3-6　全桥式 D 类数字功率放大器的输出波形（BTL 型）

三、△-∑ 型 PWM 数字功率放大器

前面介绍的数字功率放大器的输入信号都是模拟信号，而现在的声源以数字声源为主，所以全数字放大器就成了数字放大器发展的必然趋势。全数字音频功率放大器是直接通过光纤和数字同轴电缆从数字音源接口接收脉冲编码调制信号的。若输入模拟音频信号时，先经过内置的模数转换器转换成数字信号后（包括采样、量化和 PCM 编码）再进行处理。在整个信号处理和功率放大过程中，全部采用数字方式，只有在功率放大后为了推动音箱发声才转化为模拟信号。

全数字功率放大器的核心是前端的数字信号处理部分，其作用是把多比特数字信号变换成 1 bit 的脉冲宽度调制信号流，并以 PWM 形式输出。

△-∑ 型 PWM 数字功率放大器是全数字功率放大器的一种，其开关信号形成电路由比特变换电路和 PWM 变换电路组成。比特变换电路的作用是把输入的 PCM（脉冲编码调制）信号变换成低比特的 PCM 信号，然后再经 PWM 变换电路把低比特的 PCM 信号变换成 PWM 信号。

四、数字功率放大器实例分析

近年来，一般应用的 D 类数字功率放大器已有集成电路芯片，用户只需要按要求设计低通滤波器即可。

D 类数字功率放大器集成电路的种类繁多，其中包含 D 类输出级的集成电路、模拟信号输入的 PWM 处理器、数字信号输入的 PWM 处理器以及将驱动电路和输出级全部集成于一块芯片的单片全集成电路等，应用时根据其用途选择不同的集成电路即可。

下面以 TPA3116D2 为例介绍 D 类集成电路的典型应用。

TPA31××D2 系列器件是用于驱动扬声器的高效立体声数字放大器，单声道模式下的驱动功率高达 100 W。

例如，TPA3116D2 是具有 AM 干扰抑制功能、多功率（15 W、30 W、50 W）、无滤波器的 D 类立体声放大器，支持多种输出配置：21 V 电压、4 Ω 桥接负载条件下的功率为 2×50 W，24 V 电压、8 Ω 桥接负载条件下的功率为 2×30 W，15 V 电压、8 Ω 桥接负载条件下的功率为 2×15 W。TPA3116D2 的高效率使其能够在一个单层印制电路板上实现 2×15 W 的功率，而无须外部散热片。

TPA31××D2 系列高级振荡器 / 可编程锁相环路（PLL）电路采用一个多重开关频率选项来避免 AM 干扰，在实现此功能的同时，还有一个主器件 / 从器件选项，这使多重器件同步成为可能。另外，TPA31××D2 系列器件在短路、过热、过压、欠压和直流情况下受到完全保护，一旦发现故障就立刻报告给处理器，从而避免过载时对器件造成损坏。

1. TPA3116D2 的引脚和引脚功能

TPA3116D2 的引脚如图 5-3-7 所示，引脚功能见表 5-3-1。

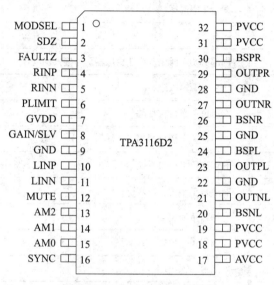

图 5-3-7　TPA3116D2 的引脚

表 5-3-1　　　　　　　　　　TPA3116D2 的引脚功能

引脚	名称	说明
1	MODSEL	模式选择逻辑输入（低 0=BD 模式，高 1=SPW 模式）
2	SDZ	通断控制端（高电平开启，低电平关断）
3	FAULTZ	一般故障报告。高电平正常运行，低电平故障
4	RINP	右声道正输入端，偏置电压为 3 V
5	RINN	右声道负输入端，偏置电压为 3 V
6	PLIMIT	功率限制水平调整，连接一个电阻分压器，从 GVDD 到 GND 设定功率限制，直接连接到 GVDD 无功率限制
7	GVDD	内部产生的门极电压
8	GAIN/SLV	选择增益或在引脚分压器 MASTER、SLAVE 模式之间进行选择
9、22、25、28	GND	地
10	LINP	左声道正输入端，偏置电压为 3 V
11	LINN	左声道负输入端，偏置电压为 3 V

引脚	名称	说明
12	MUTE	输出静音（高电平输出高阻抗，低电平输出使能）
13	AM2	调幅频率选择
14	AM1	调幅频率选择
15	AM0	调幅频率选择
16	SYNC	同步
17	AVCC	内部LD0（低压差线性稳压器）外接去耦电容
18、19、31、32	PVCC	功率电源输入
20	BSNL	左声道负半桥自举端
24	BSPL	左声道正半桥自举端
26	BSNR	右声道负半桥自举端
30	BSPR	右声道正半桥自举端
21	OUTNL	左通道负输出端
23	OUTPL	左通道正输出端
27	OUTNR	右通道负输出端
29	OUTPR	右通道正输出端

2. 简化的应用电路图

图5-3-8所示为基于IC TPA3116D2的D类数字功率放大器简化应用电路图，具体的电路原理图如图5-3-9所示。电路主要采用双端差分输入、BTL立体声输出及双端差分输入、BTL单声道输出。集成电路的周边器件主要是低通滤波器件。

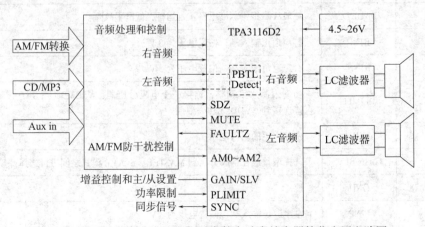

图 5-3-8　基于 TPA3116D2 的 D 类数字功率放大器简化应用电路图

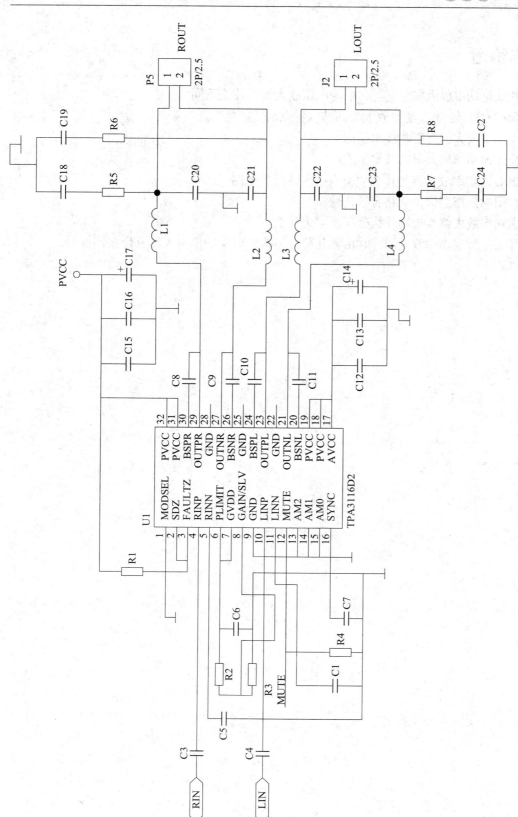

图 5-3-9　基于 TPA3116D2 的 D 类数字功率放大器电路原理图

思考与练习

1. 什么是功率放大器？它与一般的电压放大器有什么不同？

2. 简述 OTL 与 OCL 功率放大器的结构特点和性能优劣。

3. 大功率放大器有哪些技术指标？

4. 简述大功率放大器的基本组成。

5. OCL 大功率放大器为什么要引入扬声器保护电路？

6. 常用的扬声器保护电路有哪几种？

7. 大功率放大器常选用什么变压器？为什么？

8. 什么是数字功率放大器？它由哪几部分组成？数字功率放大器有什么特点？

第六章 音箱系统

音箱系统是将电信号转换成更大的声音的设备，是整个音响系统的终端。音箱系统是音响系统的重要组成部分，主要由扬声器、分频电路、音箱、安装板、声衬、网布与面板等组成，如图 6-0-1 所示。

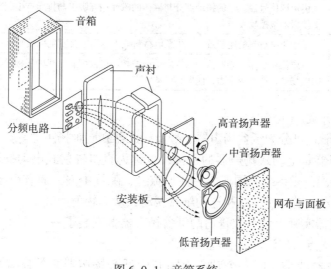

图 6-0-1 音箱系统

§6-1 扬声器

学习目标

1. 熟悉扬声器的分类。
2. 熟悉扬声器的结构和工作原理。
3. 掌握扬声器的选用原则。

扬声器俗称"喇叭"，是一种将电信号转换成声音信号的电声转换器件，是音箱系统中的关键器件，它的质量好坏决定了重放声音的音质。当把电信号加在扬声器上时，音频电能通过电磁效应、压电效应或静电效应，使其纸盆或膜片振动并与周围的空气产生共振（共鸣）而发出声音。

一、扬声器的分类
扬声器的种类较多，可以按以下几种方式进行分类：

1. 按换能方式分类

换能方式即把电信号加在振动板上使之变换成机械力进而产生振动，并转换成声音信号。扬声器按换能方式可分为电动式扬声器、电磁式扬声器、压电式扬声器和电容式（静电式）扬声器，其基本原理见表6-1-1。

表 6-1-1　　　　　　　　　　按换能方式分类的扬声器及其原理

按换能方式分类	基本原理
电动式扬声器	声源信号电流流过音圈，由此产生的交变磁场与永磁体产生的磁场相互作用而形成电磁力，音圈在电磁力的作用下，上下振动发生机械变形，从而带动振膜振动发声。其能量转换方式是电能→机械能→声能
电磁式扬声器	由声源信号磁化了的振动部分与磁体的磁性相互吸引与排斥产生驱动力，在驱动力的作用下使振动板振动发声
压电式扬声器	基于压电材料的逆变效应（将压电材料置于电场中会发生机械变形的原理）
电容式扬声器	将电信号加于由导电振膜与固定电极按相反极性配置组成的平板式电容器的两极，此时极间电场变化产生吸引力，使振膜振动发声

2. 按结构形式分类

扬声器按结构形式可分为纸盆扬声器、号筒扬声器和同轴扬声器等。

（1）纸盆扬声器是电动式扬声器的一种，也称为直接辐射式电动扬声器。它是以纸盆作为振膜辐射声波，在磁系统周围形成一环形隙缝，隙缝中嵌一通有声频信号电流的音圈，音圈受力按声频信号振动，使与之相连的纸盆振动，从而辐射声波。

（2）号筒扬声器实际上就是在普通的纸盆扬声器上安装了一个号筒。其具有方向性强、功率大、效率高等优点，广泛用于会场等场合。

（3）同轴扬声器就是在同一个轴心上除有中低音扬声器之外还有高音扬声器，分别负责重放中低音和高音。其优点在于大大提高了单体扬声器的频宽，广泛应用于摩托车音响。

3. 按振膜形状分类

振膜是扬声器中推动空气发出声音的重要组件。扬声器按振膜形状可分为锥形扬声器、平板形扬声器、球顶形扬声器等，如图6-1-1所示。

　　　　　　a)　　　　　　　　b)　　　　　　c)

图 6-1-1　按振膜形状分类的扬声器
a）锥形　b）平板形　c）球顶形

（1）锥形扬声器中最常见的是锥形纸盆扬声器，其振膜呈圆锥状，是电动式扬声器中应用最广的扬声器（球顶形扬声器也属于电动式扬声器）之一，主要为中音、低音和全频（宽频）扬声器，尤其是作为低音扬声器应用最多。

（2）平板形扬声器的振膜是平面的，以整体振动直接向外辐射声波。其平面振膜是一块圆形蜂巢板，板中间是用铝箔制成的蜂巢芯，两面覆有玻璃纤维。

（3）球顶形扬声器的工作原理与纸盆扬声器相同，其显著特点是瞬态响应好、失真小、指向性好，但效率较低，常作为扬声器系统的中、高音单元使用。

4. 按音频频率覆盖范围分类

人耳可以听到 20 Hz ~ 20 kHz 的音频信号，人说话的声音频率范围是 300 ~ 4 000 Hz。超重低音：20 ~ 39 Hz；重低音：40 ~ 99 Hz；低音：100 ~ 499 Hz；中音：500 Hz ~ 8 kHz；高音：8 kHz 以上。

扬声器按重放的音频频率不同可分为低频扬声器（图 6-1-2a）、中频扬声器、高频扬声器（图 6-1-2b）和全频带扬声器。扬声器的频率划分无明确的界限，各种低、中、高频扬声器的频率覆盖范围也不同，大致上低频扬声器工作频率的覆盖范围为 20 ~ 500 Hz，中频扬声器为 500 Hz ~ 5 kHz，高频扬声器为 5 ~ 20 kHz。

图 6-1-2　高、低频扬声器实物图

a）低频扬声器　b）高频扬声器

全频带扬声器是指能够同时覆盖低音、中音和高音各频段的扬声器，可以播放整个音频范围内的电信号。全频带扬声器有单纸盆型、双纸盆型和同轴型三种。

一般来说，扬声器的口径越大，下限频率越低，低音效果越好。

二、扬声器的结构与工作原理

电动式扬声器是目前使用最广泛的扬声器之一，下面主要介绍电动式扬声器的结构及其工作原理。

1. 电动式扬声器的结构

电动式扬声器的结构如图 6-1-3 所示。

一个完整的电动式扬声器由振动系统、磁力系统和辅助系统组成。以锥形电动式扬声器为例，振动系统包括锥盆（纸盆）、折环、定心片、防尘罩和音圈，磁路系统包括 T 形磁铁、磁体、上下夹板等，辅助系统包括屏蔽罩、盆架等。

（1）防尘罩

防尘罩起防尘作用，常用的防尘罩有凸

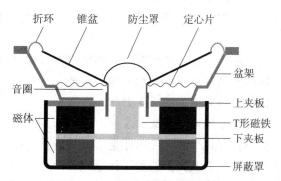

图 6-1-3　电动式扬声器的结构

形、凹形、平面形、网形等，常用材料有布、黏土、纸、金属等。

（2）锥盆

锥盆是扬声器主要的发声部件，制作材料主要有纸浆。纸浆具有造价低廉、容易做成扬声器振膜所要求的复杂曲面等优点。

（3）定心片

定心片是扬声器中最重要的部件之一，它使音圈保持在中心位置，并保持音圈在受力时振动系统沿轴向做往复运动。它和振动系统的音圈、振膜共同决定扬声器的谐振频率。另外，定心片还可以防止灰尘进入磁气隙。

（4）音圈

音圈是扬声器的驱动元件，扬声器通过音圈驱动振膜振动发声。音圈一般由扁平的自粘铜漆包线绕制在一个圆柱形柜架上，有些柜架是用铝箔制作的，称为铝音圈。音圈一般为两层或四层绕制，其目的是使音圈的引线两端均朝向锥盆一侧，使引线能牢固地焊接在锥盆上。为了增大电流（增大功率），就要增大音圈的线径，从而要求增大磁气隙，功率效率反而下降。为了不改变磁气隙的大小，又能增加电流形成的磁场，就只能增加音圈的线径，高保真扬声器中多采用这种直径较大的音圈。

（5）折环

折环的材料主要有橡胶、布基和加胶纸质等，折环的软硬和柔顺度直接影响锥盆在整个运动形成过程中的线性和扬声器在整个标称功率内的表现曲线。

（6）T形磁铁、上下夹板

T形磁铁是纯铁，磁场消失后其磁性也会消失。磁极芯是用同体材料制成的圆柱形铁芯。T形磁铁上夹板和磁极芯之间的磁气隙越小，音圈运动所需要的功率也就越小，扬声器的效率越高。磁液型的扬声器是在T形磁铁上下夹板之间注入了磁性液体，相当于缩短了它们之间的距离，同时能快速带走音圈的热量，提高了扬声器的功率承受能力。

（7）磁体

磁体的作用是在扬声器磁气隙中产生具有一定磁感应密度的恒磁场。它在扬声器组装之前是没有磁性的，在和T形磁铁夹板用黏合剂粘好后，在充磁机上充磁，最后的剩磁就是磁体的磁性，这个剩磁量就是磁体的磁性大小。

（8）屏蔽罩

屏蔽罩一般为软铁，用来防漏磁。在要求较严格的防漏磁场合，扬声器磁体装在T形磁铁中柱的位置，这样整个磁力线系统闭合，没有静态漏磁。

（9）盆架

盆架主要用于支撑鼓纸和扬声器其他部件的稳定连接，其刚性对音质影响极大。一般的扬声器其盆架用镀锌钢板冲压而成；音质要求较高的扬声器一般用铸铝盆架，其质量轻、刚性好，容易加工成所需形状。

中音扬声器盆架除了具有支撑作用外，它自身还是一个封闭的小音箱。音质要求较高的扬声器在这个小音箱内还会放置吸音棉，以改善音质。

2. 电动式扬声器的工作原理

电动式扬声器的工作原理如图6-1-4所示。

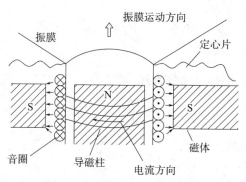

图 6-1-4　电动式扬声器的工作原理

当音圈输入交变音频电流时，根据法拉第电磁感应定律，音圈产生了随之变化的磁场，此磁场与磁体产生的磁场相互作用，使交变音圈受到一个交变推动力，从而产生交变运动，带动纸盆振动，使纸盆周围的空气做相应的振动，由此便产生了声音。通过音圈的音频电流越大，纸盆的振动幅度越大，扬声器发出的声音就越大；音频电流变小时，声音也变小。

三、扬声器的选用原则

扬声器的主要技术指标有额定功率、标称阻抗、频率响应等，选用扬声器时，主要从这几个方面考虑。

1. 额定功率是指扬声器在不失真范围内允许的最大输入功率。为了保证扬声器工作的可靠性，要求扬声器的最大输入功率是标称功率的 2~3 倍。在选用扬声器时，要根据功率放大器的输出能力、音箱的类型、播放的音乐等因素，选择具有一定功率承受能力的扬声器。常用扬声器的额定功率为 0.1 W、0.25 W、1 W、2 W、3 W、5 W、10 W、60 W、100 W。

2. 标称阻抗是厂家规定的扬声器的交流阻抗。选用扬声器时，其标称阻抗一般要与音频功率放大器的输出阻抗相匹配，主要应考虑功率放大器的电流输出能力。例如，负载为 8 Ω 时，功率放大器的输出功率为 50 W，则输出电流为 2.5 A；而当负载为 4 Ω 时，若功率放大器的输出功率仍为 50 W，则输出电流约为 3.5 A，电流输出能力提高了 40%。若负载为 4 Ω 时，功率放大器的输出电流不能再增大，它就不能输出 50 W 的功率。

3. 频率响应是指扬声器重放声音的有效工作频率范围。普通纸盆扬声器的频率响应大多为 120~10 000 Hz。在选用扬声器时，除要了解扬声器的频率响应范围外，还应了解这个频段宽度上的正负误差为多少分贝，同时要特别注意扬声器在大音量和小音量时频率响应的差异，即频率响应的直线性。

实训 1　扬声器的识别与检测

实训目的

1. 掌握扬声器的识别方法。

2. 掌握扬声器的检测方法。

实训内容

1. 识别常见的扬声器。
2. 检测扬声器的阻值、极性及质量好坏。

实训设备与工具

扬声器、MF47 型万用表。

实训步骤

一、扬声器的识别

1. 熟悉扬声器的型号命名。

国产扬声器的型号由四部分组成。

第一部分：主称，用字母"Y"表示产品名称为扬声器。

第二部分：类型，如"D"表示电动式，"DG"表示电动式高音，"HG"表示号筒式高音。

第三部分：重放频带或口径，用字母或数字表示（口径单位为 mm），具体见表 6-1-2。

第四部分：生产序号，用数字或数字与字母混合表示扬声器的生产序号。

表 6-1-2　　　　　　　　　重放频带或口径部分字母与数字的含义

字母或数字	D	Z	G	QZ	QG	HG	130	140	165	176	200	206
含义	低音	中音	高音	球顶中音	球顶高音	号筒高音	130 mm	140 mm	165 mm	176 mm	200 mm	206 mm

例如，型号 YDD140-5（140 mm 电动式低音扬声器）：Y 表示扬声器，第一个 D 表示电动式，第二个 D 表示低音，140 表示口径为 140 mm，5 表示生产序号。YD200-1 A（200 mm 电动式扬声器）：Y 表示扬声器，D 表示电动式，200 表示口径为 200 mm，1 A 表示生产序号。YDQG1-6（电动式球顶高音扬声器）：Y 表示扬声器，D 表示电动式，QG 表示球顶高音，1-6 表示生产序号。

2. 领取扬声器，对其型号进行识别，并将结果填入表 6-1-3 中。

表 6-1-3　　　　　　　　　扬声器的型号识别

扬声器型号				
含义				

二、扬声器的检修

1. 扬声器的检修步骤

（1）估测阻抗

扬声器实测电阻的阻值一般为标称阻抗的 80% ~ 90%。

将万用表置于 $R \times 1$ 挡，调零后，测出扬声器音圈直流电阻的阻值为 R，然后用估算公式 $Z=1.17R$，即可估算出扬声器的阻抗。例如，测出一只无标记扬声器直流电阻的阻值为 $11.8\,\Omega$，则其阻抗为 $1.17 \times 11.8 \approx 13.8\,\Omega$。

（2）判断扬声器的好坏

将万用表置于 $R \times 1$ 挡，用两表笔碰触两接线端时，若扬声器发出"咔咔"声，指针亦相应摆动，说明扬声器是好的。否则，说明扬声器内部音圈断路或引线断裂。

（3）判断引线的正负

就扬声器本身而言，引线是无正负之分的。但在安装组合音响或用其播放立体声信号时，扬声器引线的正负是不能接反的。判断扬声器引线正负的方法如下：

将万用表置于直流电流的最低挡，将两表笔分别跨接在扬声器的两个引线端，用手指尖快速弹一下纸盆，同时观察指针的摆动方向。若指针向右摆动，说明红表笔所接的一端是正端，黑表笔所接的一端是负端；反之红表笔所接的一端是负端，黑表笔所接的一端是正端。应注意弹纸盆不能用力过猛，以免使纸盆破裂或变形，造成扬声器损坏。

2. 扬声器的质量检测

利用上述检测方法，检测所领取扬声器的质量好坏，并将结果填入表 6-1-4 中。

表 6-1-4 扬声器的质量检测

型号	万用表挡位	直流电阻的阻值	标称阻抗	引线的正负	质量判别

§6-2 分频器

学习目标

1. 熟悉分频器的作用与组成。
2. 掌握分频器的基本原理。
3. 熟悉分频器的常见故障及检修方法。

高保真放音要求的频率范围为 40 Hz～16 kHz，单只扬声器无论质量多好，都不可能有如此宽的频率响应。因此，高保真放音系统必须使用多只扬声器分别放送声音信号中的高、中、低频成分。这样，就需要使用分频器，用于分频的电路或装置称为分频器，如图 6-2-1

所示。其作用是，根据组合音箱的要求，将全频带声频信号分成不同的频段，使扬声器单元得到合适频带的激励信号，以工作在最佳状态。

图 6-2-1　分频器

分频器的种类有很多，按分频信号的波形分，分频器有正弦分频器和脉冲分频器两种类型；按所处位置分，分频器有功率分频器和电子分频器两种类型。功率分频器位于功放输出级与扬声器之间，电子分频器位于功放输出级之前。功率分频是指在功率输出级与扬声器之间插入各种无源滤波器，把功率放大后输出信号按频段划分给各个扬声器，常用 LC 滤波器构成分频器。电子分频器的作用是在功率放大器之前，把音频信号按照高、低两个频段（称为二分频）或高、中、低三个频段（称为三分频）分别输出，送至各频段专用的功率放大器，以驱动各频段的扬声器。电子分频器目前应用较多。本节以电子分频器为例，介绍分频器的基本结构和工作原理。

一、电子分频器

1. 电子分频器的基本结构

电子分频器对全频带音频信号进行分频处理，按照分离频段的不同可分为二分频电子分频器、三分频电子分频器和四分频电子分频器。

（1）二分频电子分频器

二分频电子分频器由一个有源高通滤波器和一个有源低通滤波器组成，其组成框图如图 6-2-2 所示。有源高通滤波器的作用是将音频信号中的高频部分滤出后，从 H 端输出高频部分的音频信号。有源低通滤波器的作用是将音频信号中的低频部分滤出后，从 L 端输出低频部分的音频信号。

（2）三分频电子分频器

三分频电子分频器由一个有源高通滤波器、一个有源带通滤波器和一个有源低通滤波器组成。它将音频信号分为低音、中音和高音三个频段，分别从 L 端、M 端和 H 端输出，其组成框图如图 6-2-3 所示。

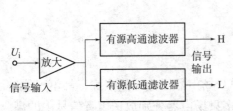

图 6-2-2　二分频电子分频器的组成框图

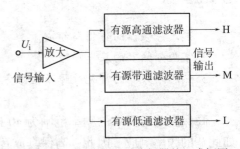

图 6-2-3　三分频电子分频器的组成框图

（3）四分频电子分频器

四分频电子分频器由一个有源高通滤波器、两个不同中心频率的有源带通滤波器和一个有源低通滤波器组成。它将音频信号分为低音、低中音、高中音和高音四个频段，分别从 L 端、L/M 端、H/M 端和 H 端输出，其组成框图如图 6-2-4 所示。

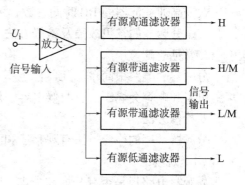

图 6-2-4　四分频电子分频器的组成框图

2. 电子分频器的工作原理

图 6-2-5 所示为滤波 – 运算型电子分频器电路原理图。全频信号经 V1 反相放大。对高频信号，C3 可视为短路，电压放大倍数为 $R_6/R_{10}=1$，且从 V1 集电极反相输出，送至 C1、R1、C2、R2、R3、V2 组成的截止频率为 800 Hz 的有源高通滤波器，取出高音信号并从 V2 的发射极输出。在 V2 的发射极接入 RP1，以控制高音输出的大小。使用中以低音输出强度为参考，调整 RP1，使高、低音量大致相等。

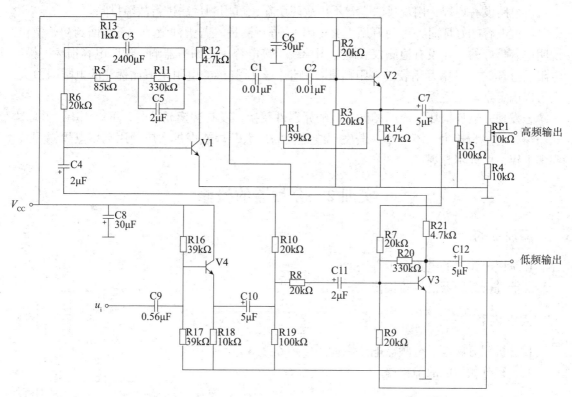

图 6-2-5　滤波 – 运算型电子分频器电路原理图

高频分量在输出的同时，还通过 R7 送到 V3，全音频信号也通过 R8 送到 V3。R7、R8 为 V3 的两个输入电阻，R9 是电路反馈电阻。因为 $R_7=R_8=R_9$，故 V3 的电压放大倍数为 1，形成对同相输入信号相加、反相输入信号相减的加法器。由于从 R7 送来的高频信号与从 R8 送来的全音频信号相位相反，所以相减后抵消了高频信号，剩下的低频信号从 V3 集电极反相输出，从而实现了分频。

改变高通滤波器的 RC 时间常数，可以改变电路的分频点。

二、分频器的常见故障及检修方法

1. 常见故障

分频器的电路很简单，元器件也不多，只有电阻、电容和电感。分频器的电感几乎烧不坏，电阻和电容会烧断。有时候电容容量会发生变化，容量变化会影响频段的电压。

2. 检修方法

分频器常用的检修方法有观察法和测量法两种。

（1）观察法

先观察电路板是否有开焊和虚焊、阻容元件是否有颜色变化。若颜色没有变化，一般分频器不会坏，也不需要用万用表测量，接上扬声器听其是否发声即可。若扬声器不响，再检查其他元器件。若电路板有开焊和虚焊，电阻烧糊、烧断以及电容烧糊、爆裂等现象，需要对电路重新进行焊接，并更换损坏的元器件。

（2）测量法

若电路没有虚焊，用观察法也看不出故障所在，可用测量法进行故障排除。

检测电容的好坏时，可用万用表 $R \times 1k$ 挡进行测量。若指针微动一下并回到初始位置，说明电容是好的。在没有检测仪表时，用导线短接电容，若扬声器响，说明电容损坏。检测电阻的好坏时，可用万用表的电阻挡进行测量，若所测得的电阻阻值比标注的电阻阻值大，则可以确定是该电阻损坏。

若发现元器件损坏，应用相同参数的元器件替换，没有替换元件时，可以用串、并联方式获得，功率只能大，不能小。若发现线路板的焊点开焊或虚焊，应使用高熔点焊锡焊接，要多上锡，保证不虚焊。

实训 2　分频器的检修

实训目的

1. 掌握分频器的电路分析方法。
2. 能进行分频器的故障检修。

实训内容

1. 分析三分频电子分频器电路原理图（图 6-2-6）。
2. 进行分频器的故障检修。

实训设备与工具

MF47 型万用表、音频信号源、频谱分析仪等。

实训步骤

一、分频器电路分析

图 6-2-6 中有三种滤波器，分别为低音滤波器、中音滤波

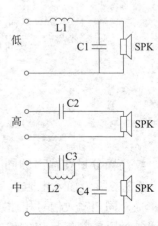

图 6-2-6　三分频电子分频器
电路原理图

器和高音滤波器。低音滤波器由 1 个电感和 1 个电容构成，作用是将低音信号从音频信号中分离出来；中音滤波器由 1 个电容构成，作用是将中音信号从音频信号中分离出来；高音滤波器由 1 个电感和 2 个电容构成，作用是将高音信号从音频信号中分离出来。三分频电子分频器将音频信号分离成高音、中音和低音三部分，送至扬声器。

二、分频器电路故障检修

通常在检修分频器时可以通过频谱分析仪进行音频成分检测，若相应的电路损坏，则对应的音频成分将会缺失，因而可以对相应的电路进行检修。

根据图 6-2-6，模拟相关故障，对分频器进行检修，并将结果填入表 6-2-1 中。

表 6-2-1　　　　　　　　　　　　　　分频器故障检修

设置故障	故障现象	有无高音、中音、低音	原因分析
故障一：断开 C1			
故障二：短路 C2			
故障三：断开 C3			

§6-3　音箱

学习目标

1. 掌握音箱的分类和工作原理。
2. 熟悉音箱的选用原则。
3. 掌握音箱与功率放大器的配接方法。
4. 掌握音箱的布置方法。
5. 熟悉音箱的常见故障及检修方法。

音箱由扬声器、箱体、分频器等组成，其作用不仅是作为多单元扬声器的相对定位支架，更重要的是应用声学原理，利用箱体对声波的阻隔和反射作用，改变声音的传播方向和相位，以改善音质。

一、音箱的分类

音箱的分类方法很多，按放音频率可分为全频带音箱、低频音箱和超低频音箱；按用途可分为主放音音箱、监听音箱和返听音箱等；按扬声器单元数量的多少可分为 2.0 音箱、2.1 音箱、5.1 音箱等；按箱体材料可分为木质音箱、塑料音箱、金属音箱等；按箱体结构可分为敞开式音箱、封闭式音箱、倒相式音箱、迷宫式音箱等（图 6-3-1）。

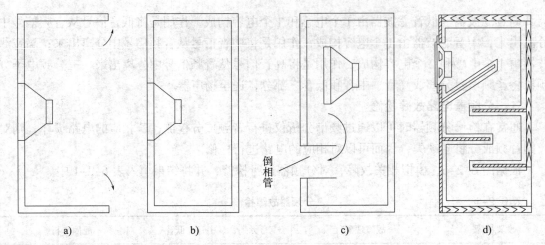

图 6-3-1　音箱箱体的结构
a）敞开式音箱　b）封闭式音箱　c）倒相式音箱　d）迷宫式音箱

　　其中，封闭式音箱又称为无限大障板音箱，它可以把扬声器正面和背面的声波彼此隔开，从消除声短路效应方面而言，它类似于一个无限大障板。倒相式音箱是在封闭式音箱的前面板上开一出音孔，并在出音孔后面安装一倒相管构成。倒相管内的空气和扬声器锥盆的作用类似，在倒相管内部形成一个附加的声辐射器，把音箱内纸盆背面辐射的某一频段的声波倒相后辐射出来，与扬声器正面辐射的声波进行合成，从而增强了该频段声波的声压。通过调节倒相管的直径和长度，可获得最佳放音效果。迷宫式音箱是在箱体内用隔板将扬声器后部的空间变成一条曲折的通道，相当于在扬声器的后部接了一根长管，当该管的长度等于某声波的半波长时，在箱体内的开口处辐射出与扬声器的辐射声波同相位的声波，这两个声波合成后增强了声压，起到助音效果。

　　二、音箱的工作原理

　　声波在频率较低时有较强的绕射能力，纸盆前后的直射声波会因来自另一方的绕射声波而相互干扰，声波相遇的某一点可能因相位相同使声压增强，也可能因相位相反而使声压减弱，造成声音分布不均匀，这就是声波的干涉现象。干涉现象与频率、扬声器的尺寸有关。频率较低时，前后声波相互干涉将使声音减弱。频率越低，这种效应越明显，这就是通常所说的声短路效应。

　　设置音箱的目的就是要有效地消除声波的干涉现象，特别是声短路现象，同时对扬声器单元的声共振进行有效的抑制，使放音时低音纯厚、高音清晰，确保扬声器将低、中、高频声波很好地辐射出去。

　　如果把扬声器装在如图 6-3-2a 所示的一块很大的障板上，声波就需要绕过更远的距离才可能到达背面，于是大大减弱了声短路效应。障板越大，作用越明显，但太大的障板又不实用。而音箱的结构是以四周的木板作为障板，当音箱深度不超过最低声波波长的 1/8 时，其助声效果与面积大致等效于它全部表面积（后盖板除外）的障板相当。这样使助声效果保持不变的同时，障板面积也大大减小。图 6-3-2b 所示为有障板和无障板时扬声器的频响曲线。

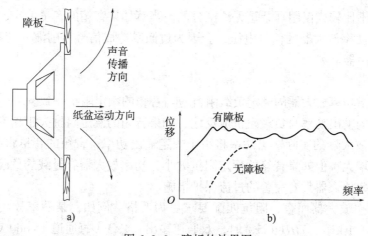

图 6-3-2 障板的效果图

a）利用障板降低声短路效应　b）障板对扬声器频响的作用

三、音箱的选用原则

音箱是整个音响系统的"喉舌"，选用音箱时，有两点必须明确，一是音箱选购必须是价格与性能（或质量等级与成本）两者折中考虑；二是形式与用途的考虑，即按不同的使用目的选购不同的音箱。

1. 选好性能指标

首先查阅音箱说明书中的有关技术参数，如有效频率范围、阻抗、灵敏度、额定功率、指向性、失真等，根据使用要求进行选择。例如，音箱阻抗应与放大器相匹配，频率响应需符合要求（音箱的频率响应关系到放音音质的好坏）。

2. 听音色

高音应清脆、干净，中音应饱满，低音应浑厚、不拖拉。听音色具有主观性和随机性，其和音响系统所处的环境及听音者的位置有很大的关系。

3. 看箱体质量

用手敲箱板或推音箱，若感到箱体很薄、很轻，这种音箱的放音效果则难以得到保证。

四、音箱与功率放大器的配接

在设计、安装音响系统时，在技术上难免会遇到功率放大器与音箱的配接问题，配接时要注意功率匹配、阻抗匹配和阻尼系数匹配。

1. 功率匹配

在专业的高保真系统中，为了保证有足够的峰值因数，功率放大器的额定输出功率应大于音箱的额定输入功率，一般大 3 dB，也就是 2 倍的关系。因为音箱的实际功率可以为额定输入功率的 3 倍，瞬时可耐受 5 倍于额定输入功率的峰值冲击而不损坏，所以其额定输入功率取功率放大器额定输出功率的 1/2 是不会有问题的。在较为严谨的场合，为了保证在出现更大的峰值信号冲击时音箱不失真，其额定输入功率还可以取功率放大器额定输出功率的 2/3，或与之相等。

使用时一定要注意功率放大器的额定输出功率，不要把音量开很大甚至开足，这样会损坏音箱。音箱的额定输入功率比额定输出功率大 1 倍时也能正常工作，只不过比正常音箱的音量稍轻些，但不比较或仅用耳朵是无法区分的。当然如果音箱的音量偏小，为了提高音量而盲目加大输入功率放大器的信号电压，会因为过激励造成信号被削波，使高次谐波增加，从而烧毁高频扬声器。

2. 阻抗匹配

阻抗匹配是指功率放大器的额定负载阻抗应与音箱的额定阻抗一致。

功率放大器的输出功率与负载阻抗成反比，如果音箱的额定阻抗大于功率放大器的额定负载阻抗，功率放大器的实际输出功率将小于额定输出功率，音箱的音量将会变小；反之，音箱的音量将会增大。但如果音箱的额定阻抗太小，功率放大器有过载的危险，容易使其烧毁，这就要求功率放大器具有完善的过流保护措施。

对电子管功率放大器而言，阻抗匹配要求更为严格。例如，某功率放大器的输出功率技术指标为：在 $f=1$ kHz、$THD<0.5\%$ 时，双通道输出，$4\ \Omega$（每通道），660 W；$8\ \Omega$（每通道），400 W。说明这台功率放大器工作在立体声模式，其允许接入的最小负载阻抗为 $4\ \Omega$。接 $4\ \Omega$ 负载时允许每通道输出功率为 660 W，接 $8\ \Omega$ 负载时允许每通道输出功率为 400 W。理论上来说，接 $4\ \Omega$ 负载时允许输出功率为 800 W，但厂家考虑到产品的性价比问题，只规定允许输出功率为 660 W。此外，接大于 $8\ \Omega$ 的负载也是允许的，只不过允许输出的功率要减小，如接 $16\ \Omega$ 的负载，允许输出功率为 200 W。

另外，需要注意的是，一般不提倡将多个音箱串联或并联来实现与功率放大器负载阻抗相匹配。因为音箱标示的阻抗是标称值，它实际的阻抗是随频率变化的，从而造成串并联的音箱功率也是变化的，最终引起音色的变化。

3. 阻尼系数匹配

阻尼系数与功率放大器的额定负载阻抗成正比，与输出阻抗成反比。该系数的大小会影响重放音质，一般认为阻尼系数大一些较好。阻尼系数较大时，功率放大器的输出阻抗较小，信号到达音箱后的拖尾音就越短，还音效果越好，失真越小。专业功率放大器系统的阻尼系数一般都不低于 300，有些可以高达 800 甚至上千。作为家用高保真功率放大器的阻尼系数，其最低要求为：晶体管功率放大器的阻尼系数≥40，电子管功率放大器的阻尼系数≥6。

为了得到较大的阻尼系数，在满足高保真度的同时，还应选择额定阻抗较大的音箱与功率放大器进行匹配。但实际上提高阻尼系数的同时，会降低系统的输出功率（输出功率与额定阻抗成反比）。例如，使用额定阻抗为 $8\ \Omega$ 的音箱，系统的输出功率比使用额定阻抗为 $4\ \Omega$ 的音箱小一半。如果选择了额定阻抗超出与其匹配范围的音箱，就会使系统的输出功率无法满足额定的输出功率要求。

当然，功率放大器的阻尼系数并不是越大越好，阻尼系数过大会使音箱的阻抗值过大，从而增加脉冲前沿建立时间，降低瞬态响应指标。因此，在选取功率放大器时不应片面追求大的阻尼系数。

如果阻尼系数增大到使功率放大器的输出阻抗比到音箱系统的传输线的阻抗还要小时，这时的阻尼系数是由传输线的阻抗来决定的，再增大阻尼系数，对系统的作用就不大了。

例如，一台功率放大器的阻尼系数为 400，额定负载阻抗为 $8\ \Omega$，则其输出阻抗为 $8/400=0.02\ \Omega$。如果功率放大器到音箱的传输线的截面积为 2 mm^2，每 $1\,000$ m 传输线的阻值为 9 Ω，则每 100 m 传输线的阻值为 0.9 Ω，远比功率放大器的输出阻抗大得多，这样增大阻尼系数对功率放大器系统就显得毫无意义。

为了保证放音的稳态特性与瞬态特性良好，应使音箱传输线的阻抗足够小，小到与音箱的额定负载阻抗相比可以忽略不计。实际使用中音箱传输线的功率损失小于 0.5 dB（约 12%）即可达到该要求。

五、音箱的布置

无论在何种条件下，音箱的摆放都应遵循一定的原则，不能随意布置，否则就得不到好的声音效果。这是因为声音效果和音响系统所处的环境及听者所处的位置有很大的关系。通过对音箱的合理布置，可以改善放音效果。

1. 影响音箱布置的因素

（1）音箱自身的放音特色

音箱的放音辐射角度受到音箱的体积、高中低音扬声器在箱体上的位置、各扬声器的锥盆夹角等因素的影响，一般是以音箱为声源向外辐射的一个锥形区域。

（2）人耳的听觉特性

人耳的听觉特性取决于声音到达人耳的时间差（相位差）和声级差。低频段主要取决于相位差，人耳的声级差不明显；高频段取决于声级差；中频段两者均起作用。因此，要使低音有层次感，应适当增加音箱之间的距离和角度；要使高音有层次感，应适当调整音箱放音的频率响应和增强高音。

（3）听音室的空间大小

听音室的墙面、地面和顶面对声音产生多次反射和绕射而干扰直达波，从而使重播的声音含混不清。

2. 音箱的摆放原则

（1）听音区域要充分获得音箱的直达声。

（2）直射式全频音箱尽量避免界面反射。

（3）气流式低音音箱可以利用地面反射。

（4）音箱摆放与房间的中心轴线要对称。

（5）音箱箱体容积与房间容积相适应。小房间使用小箱体音箱放音，大房间使用大箱体音箱或多个音箱组合成阵的方式放音。

3. 音箱布置的具体方法

（1）立体声音箱的布置

立体声音箱的布置方式如图 6-3-3 所示。中置音箱设置在显示设备的中心线上，实际安装时一般都会放置在屏幕中心线的正上方或者正下方，主要是在画面上进行人声定位。左、右音箱设置在显示设备两边，主要作用是再现立体声。摆放时无论是什么情况，都要避免将中置音箱摆放在比左、右音箱更接近听者的位置（图 6-3-3c）。人多的时候可以按图 6-3-3b 所示的方法进行摆放。个人欣赏时，可以按图 6-3-3a 所示的方法进行摆放。以听者为中心，左、右音箱与听者的夹角（以垂直线为基准）一般为 45°~60°，欣赏电影时用更窄的角度，欣赏音乐时可以宽一些。

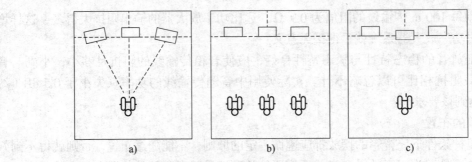

图 6-3-3 立体声音箱的布置方式
a）布置方式 1 b）布置方式 2 c）布置方式 3

音箱摆放时应与墙面保持一定的距离，距离越大，低音越强；距离越小，高音越强。另外，调整音箱的高度可以改变到达听者的不同频率段的频率分布。音箱摆放越高，高音越强，反之低音越强。中置扬声器与左、右扬声器的高度应尽可能保持一致，或接近人耳高度。

（2）环绕声音箱的布置

环绕声音箱设置在听者左、右后方，主要作用是负责环绕声效果的播放。在杜比数码系统中，为了通过后置再现对白等明快的声音，一般要求左、右环绕声音箱具有和主音箱相同的性能，因此，一般采用和前置声道相同的 20 Hz ~ 20 kHz 全频带音箱。杜比环绕声系统音箱的布置方式如图 6-3-4a 所示。后环绕声音箱放置在主座位置的两侧，且稍偏后，而不是位置的正后方，同时高于人耳高度，这样有助于减小定位效果的影响；后环绕声音箱要直接对着听音区域，而不是朝向听者（图 6-3-4b）。

若在左、右主音箱的左外侧或右外侧放置一个超低音音箱，就组成了如图 6-3-5 所示的 5.1 声道家庭影院音箱系统。

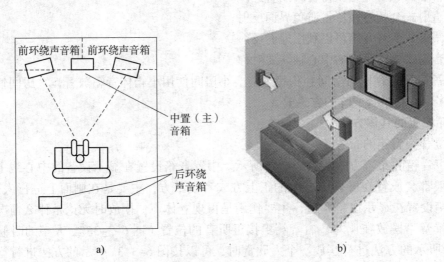

图 6-3-4 杜比环绕声系统音箱的布置方式
a）布置方式 b）布置现场

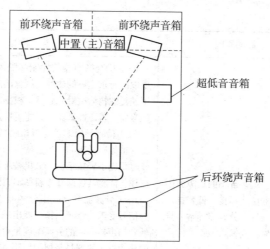

图 6-3-5　5.1声道家庭影院音箱系统

六、音箱的常见故障及检修方法

音箱的常见故障及检修方法见表6-3-1。

表 6-3-1　　　　　　　　　　　　　　　音箱的常见故障及检修方法

故障现象	故障原因	检修方法
无声音	造成音箱无声音的故障原因有电源故障、连接线故障、功率放大器故障、音箱本身故障	（1）首先检查电源连接线是否接好 （2）检查是否音箱本身的问题。播放一段音乐，用万用表交流电压挡检测功率放大器的输出端是否有输出信号，观察万用表指针或示值是否发生变化。若有变化，说明是音箱本身的问题，反之则是功率放大器的问题。或将万用表拨至电阻挡，用表笔点触音箱信号的输入端（给音箱一个输入信号），若听到有"咔嚓"声，说明音箱是好的，故障可能在连接线或功率放大器，反之则故障在音箱本身 （3）当确定故障在音箱本身时，应检查扬声器音圈是否烧断、引线是否断路、馈线是否开路、与放大器的连接是否妥当。用万用表 $R \times 1$ 挡测量扬声器引线，若阻值接近 $0\ \Omega$ ，且无"咔咔"声，则说明音圈烧毁，应更换音圈。若测得阻值为 ∞ ，可用小刀将音圈两端引线的封漆刮开，露出裸铜线后再测，若仍不导通，说明音圈内部断路；若已导通且有"咔咔"声，则说明音圈引线断路，可将线头上好焊锡，再另用一段与音圈绕线相近的漆包线焊妥即可
声音时有时无	造成音箱声音时有时无的故障原因主要有接插线接触不良	（1）检查扬声器引线是否接触不良。通常是引线霉断或焊接不良所致，纸盆振动频繁时，断点时而接通、时而断开，造成无规律、时响时不响故障 （2）检查扬声器引线是否断路或短路 （3）检查功率放大器输出插口是否接触不良或音箱输入线是否断路

故障现象	故障原因	检修方法
音量小	造成音箱音量小的故障原因有扬声器性能不良、低音扬声器极性接反、分频器异常、导磁芯柱松动或偏离等	（1）检查扬声器的性能和磁体的磁性。扬声器的灵敏度主要取决于永磁体的磁性、纸盆的品质及装配工艺的优劣。可利用铁磁性物体碰触永磁体，根据吸引力的大小估计永磁体磁性的强弱。若磁性太弱，只能更换扬声器 （2）检查导磁芯柱是否松脱。当扬声器的导磁芯柱松脱时，其会被导磁板吸向一边，使音圈受挤压而阻碍其正常发声。检修时可用手轻按纸盆，如果按不动，则可能是音圈被导磁芯柱压住，需将其拆卸并重新粘牢固后才能使用 （3）分频器异常。当分频器中有元器件不良时，相应频段的信号受阻，该频段扬声器出现音量小的故障。应重点检查与低音扬声器并联的分频电容是否短路，以及与高音扬声器并联的分频电感线圈是否层间短路。用万用表测量电容的阻抗值应为∞，若不为∞，则说明电容漏电。也可以用电容表直接测量电容容量来判断电容的质量。检测电感线圈时，可从外观上观察电感线圈是否有烧毁的痕迹，以此来判断其好坏。若没有烧毁的痕迹，则将两个相同的音箱分频器对调，通过听音质来判断电感线圈的好坏；若音质不同且没有烧毁的痕迹，说明是电感线圈内部漆皮脱落造成短路
声音失真	造成音箱声音失真的故障原因主要有低音和3D等调节程度过大、扬声器的音圈歪斜、铁芯偏离正常位置、磁气隙中有杂物、纸盆变形、箱体密封不良及装饰网罩安装不牢固	（1）检查纸盆是否变形或破裂。损坏面积大的纸盆应进行更换，损坏面积小的纸盆可用稍薄的或其他韧性较好的纸修补 （2）校正音圈。若音圈位置不正，会与磁芯发生擦碰，造成声音失真，维修时应校正音圈的位置或更换音圈 （3）检查磁气隙是否有杂物。如果有杂物进入磁气隙，音圈振动时会与杂物相互摩擦，导致声音沙哑 （4）检查箱体密封是否良好和装饰网罩安装是否牢固等。箱体密封不良会造成播放时有破裂声。此外，箱体板材过薄会导致共振，也会使声音异常
调整音量时出现"噼里啪啦"的声音，音量时大时小	造成这种情况的故障原因是调节音量的电位器故障。电位器的触点可能氧化生锈，造成接触不良；也有可能是电位器的质量不稳定造成的	若是由于电位器氧化生锈，则只需要更换一个新的电位器，或用无水酒精清洗电位器的碳阻片，并在碳阻片上喷一点除锈剂，然后把电位器按原来的位置安装好就可以解决噪声问题；若是由于电位器簧片偏离，则只需要调整电位器簧片，将其拨正即可

实训 3　音箱的观察与检测

实训目的

1.进一步熟悉音箱的结构及组成。

2.能检测音箱及其组件的质量好坏。

实训内容

1.观察音箱外形及其内部结构。

2. 测量音箱两音频线连接端的阻值。

3. 拆开音箱，检测扬声器与分频器的相关参数。

4. 组装并还原音箱，并进行音质检测。

实训设备与工具

二分频（或三分频）式组合音箱、音响设备（除音箱外）、万用表、电工工具。

实训步骤

1. 观察音箱的外形，了解音箱的基本结构。

2. 用万用表 $R \times 1$ 挡测量音箱两音频线连接端的阻值，听音箱中是否有"咔咔"声发出，并做好记录。

3. 用旋具拆开音箱，观察音箱的内部结构、吸声材料的填充方式、分频器的结构以及各扬声器的连接方式。

4. 仔细观察分频器，识别和检测分频器上各元器件的参数，并做好记录。

5. 观察与检测低、高音扬声器。用万用表 $R \times 1$ 挡分别测量低、高音扬声器的阻值，听是否有"咔咔"声发出，并做好记录。

6. 组装并还原音箱，接通音响设备，放音试听音箱的放音质量。

将测量结果记录于表 6-3-2 中。

表 6-3-2 　　　　　　　　　　　　测量结果记录

分频器的检测		各元器件的标称值		各元器件的实测值	
扬声器的 检测	低音 扬声器	阻值		测试有无 "咔咔"声	
	高音 扬声器				

思考与练习

1. 扬声器由哪几部分组成？各起什么作用？

2. 扬声器的主要技术指标有哪些？

3. 如何判断电动式扬声器的质量好坏？

4. 简述二分频电子分频器的工作原理。

5. 简述三分频电子分频器的工作原理。

6. 简述音箱的基本组成。

7. 结合实际，简述家用音箱的工作原理。

8. 音箱的常见故障有哪些？如何检修？

第七章 数字音响设备

§7-1 激光 CD 机

学习目标

1. 熟悉激光 CD 机的基本组成。
2. 掌握激光 CD 机的工作原理。
3. 熟悉激光 CD 机的常见故障及检修方法。
4. 熟悉激光 CD 机常见故障的检修流程及检修注意事项。

激光唱机又称为激光 CD 机，是将激光光学技术、数字信号处理技术、精密机械伺服技术及微处理器控制技术、高密度记录技术和超大规模集成电路技术等融为一体的数字音频设备。它是一种由微型计算机控制的智能化、高保真立体声音响设备，采用先进的激光技术、数码技术和各种新型元器件，具有高密度记录、放音时间长、操作简便、选取快速等优点。激光 CD 机根据外形不同，可以分为台式和便携式两种，如图 7-1-1 所示。

a)   b)

图 7-1-1 激光 CD 机
a) 便携式激光 CD 机　b) 台式激光 CD 机

一、激光 CD 机的基本组成

激光 CD 机主要由机械部分和电路部分组成，其组成框图如图 7-1-2 所示。机械部分由装片机构、出 / 入盘机构等组成。电路部分则由激光捡拾器、伺服系统、信号处理系统、控制显示系统和电源组成。

激光 CD 机电路部分的作用见表 7-1-1。

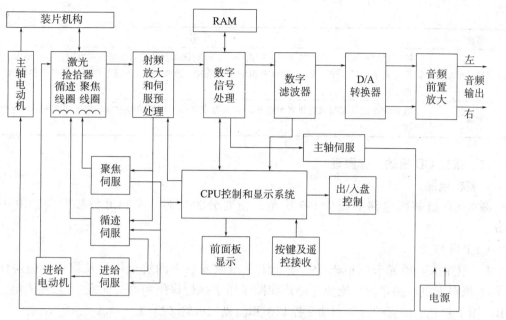

图 7-1-2　激光 CD 机的组成框图

表 7-1-1 　　　　　　　　　　　**激光 CD 机电路部分的作用**

名称	作用
激光捡拾器	激光捡拾器简称为激光头，激光头发射和接收激光束，将光盘上的坑道信息转换成电信号，并从中读出含有表示音频信息的射频（RF）信号、循迹误差信号（TE 信号）和聚焦误差信号（FE 信号）
伺服系统	伺服系统的作用是保证在重放过程中激光束能准确地跟踪信迹，即让聚焦光斑准确地落在正在拾取的信迹上，并以恒线速度跟踪 CD 光盘的信迹。伺服系统主要包括以下几个部分： （1）聚焦伺服 聚焦伺服的作用是使激光束在光盘的放音面上保持良好聚焦，即在垂直方向对准信迹 （2）循迹伺服 循迹伺服的作用是保证光盘旋转时，激光束在水平方向对信迹进行跟踪 （3）进给伺服 进给伺服的作用是利用进给电动机移动激光头，与循迹伺服共同实现激光束水平方向跟踪扫描光盘的信迹，以使激光头准确读出数据 （4）主轴伺服 主轴伺服的作用是使主轴电动机按恒线速度旋转，从而使激光头读出信息的速度保持恒定
信号处理系统	信号处理系统主要包括射频放大和伺服预处理、数字信号处理、D/A 转换器和数字滤波器 （1）射频放大和伺服预处理 射频放大电路把激光头获得的反映音频信号有关信息的 RF 信号进行放大，同时形成伺服电路所需要的各种误差信号，送入伺服预处理电路进行预处理 （2）数字信号处理 数字信号处理的作用是把模拟信号形式的 RF 信号整形成数字 8/14 调制（EFM）信号，并进行 EFM 信号解调。经 EFM 信号解调后的信号再经过纠错、去交织等处理，输出音频数据，同时分离出子码数据 （3）D/A 转换器和数字滤波器 D/A 转换器的作用是把音频数据信号转换成模拟音频信号。数字滤波器的作用是降低噪声和改善滤波效果

续表

名称	作用
控制显示系统	控制显示系统用于接收按键及遥控指令、子码数据和各种检测数据，并判别和输出相应的指令，以控制其他电路工作，实现激光 CD 机的正常播放、选曲、出 / 入盘等功能，同时控制显示屏显示各种信息
电源	电源的作用是向整机提供各种电压，包括数字处理、模拟信号放大、电动机及显示所需的各种电源

二、激光 CD 机的工作原理

1. 整机电路

激光 CD 机整机电路如图 7-1-3 所示，主要分为机芯、主 PCB 板和控制 PCB 板三大部分。

（1）机芯

1）激光头。激光头包括光学系统（用于拾取光盘上的坑点信号及聚焦、循迹误差信号）、6 象限光电检测系统、聚焦与循迹线圈（用于执行聚焦和循迹伺服）、监控光电二极管（PD，用于激光二极管的自动光功率控制）和激光二极管（LD）。

2）驱动电动机及机械部分。驱动电动机及机械部分主要由三台电动机、两个限位开关和一套齿轮减速机构组成。进给电动机执行激光头的进给伺服及配合完成循迹伺服，主轴电动机带动光盘保持恒线速度旋转，加载电动机执行托盘的进出及光盘的装卸，进限位开关控制激光头的返回位置，加载限位开关控制托盘的进出位置。

（2）主 PCB 板

主 PCB 板由 9 块集成电路及外围元件组成。

IC1 是 RF 射频放大 IC，型号为 CXA1081M，主要功能是对 RF 射频信号、聚焦与循迹误差信号进行放大，以及对自动光功率进行控制。此外，IC1 还内置有聚焦识别信号检测等电路。

IC2 是伺服信号处理 IC，型号为 CXA1082Q，主要功能也是对 RF 射频信号、聚焦与循迹误差信号进行放大，以及对自动光功率进行控制。此外，IC2 还内置有分频器、主轴伺服用低通滤波器、防振电路以及位时钟再生锁相环用的环路滤波器和压控振荡器等电路，可以通过 CPU 指令来执行各种伺服处理。

IC3 是数字信号处理 IC，型号为 CXD1130Q，主要功能是执行 EFM 数据的解调、子码的解调、CIRC 纠错解码等任务，同时还完成帧同步信号的检测、保护和插补，实现主轴电动机恒线速度伺服、数字滤波以及总线控制等。

IC4 是 16 KB SRAM（静态随机存储器），主要功能是完成 EFM 解调后数据的去交织以及误码检测和校正等。

IC5 是系统控制 IC，型号为 CXP1010Q，主要功能是管理整机运行、执行各种伺服控制以及数字信号处理，还可用于液晶显示器（LCD）的驱动、键盘扫描控制以及遥控解码。

IC6 为 2 通道驱动放大电路，型号为 TA7256，主要功能是完成信号的驱动放大。

IC7 为电源稳压集成电路，型号为 M5290，内置有系统复位电路、过流保护电路、过热保护电路以及电压开关控制电路。

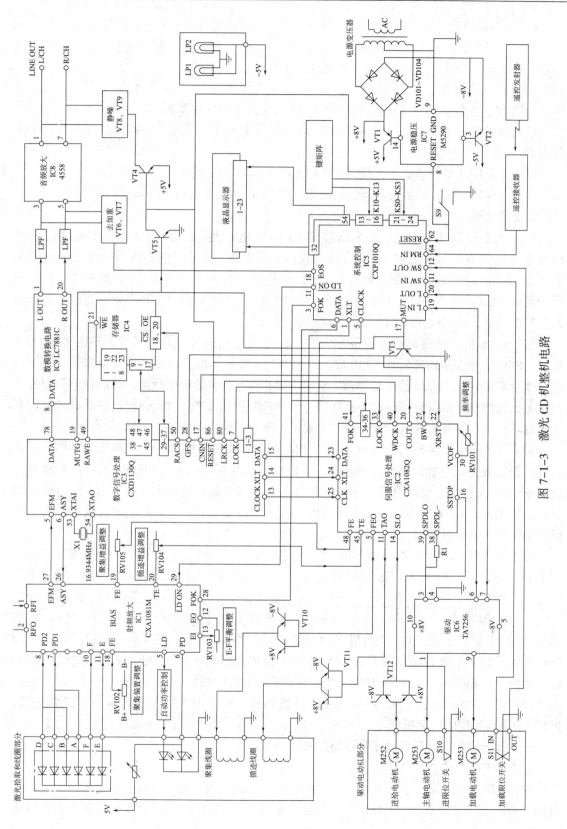

图 7-1-3 激光 CD 机整机电路

IC8 为 2 通道运算放大器，型号为 4558，主要功能是对音频信号进行前置放大。

IC9 为 6 bit 数模转换电路，型号为 LC7881C，主要功能是进行数模转换，内置有两个同相输出的数模转换通道，最大转换频率为 176.4 MHz。

（3）控制 PCB 板

控制 PCB 板包括液晶显示器、键矩阵、遥控发射器和接收器等。

液晶显示器采用动态扫描驱动，用于显示激光 CD 机播放的曲目、时间以及当前的工作状态等。

键矩阵采用动态扫描驱动，最多可执行 16（4×4）个键指令。

遥控发射器和接收器的编码、解码采用 NEC 方式，接收头为 SBX1610。

2. 工作原理

由激光头拾取的 RF 信号、FE 信号和 TE 信号经放大后，RF 信号经整形处理转换成 EFM 信号送往 IC3，FE 信号和 TE 信号则直接送往 IC2。通过调整电位器 RV105 和 RV104 来改变 FE 信号和 TE 信号的增益大小；通过调整 RV103 使 E-F 平衡；RF 的偏置（聚焦偏置）则由 RV102 调整。输入 IC2 的 FE 信号和 TE 信号经放大和相位补偿后，通过一系列的开关控制电路，分别由 5 脚 FEO 和 11 脚 TAO 输出。

另外，TE 信号还需经直流提取电路产生激光头进给信号，此信号放大后由 14 脚 SLO 输出。FEO 信号经驱动三极管 VT10 放大输出给聚焦线圈，线圈在磁场中带动物镜做上下运动，执行聚焦伺服。TAO 信号经驱动三极管 VT11 放大输出给循迹线圈，线圈在磁场中带动物镜做径向微动，执行循迹伺服。SLO 信号经驱动三极管 VT12 放大输出给进给电动机，电动机旋转，经一组齿轮减速后带动激光头做径向滑动，执行唱头的进给伺服。

输入 IC3 的信号经帧同步检测、保护和插补，完成 EFM 解调，并分解出辅助码。解调后的数据经去交织完成误码检测和校正，不可校正的数据则采用插补处理，再经数字滤波，由 78 脚 DATA 输出 2 倍超取样数字音频信号，送入 IC9 数模转换电路的 8 脚，经数模转换后再分解出 L、R 两路模拟信号，送至 LPF（低通滤波器）以及 IC8 的前置放大电路，以线路输出的方式输出音频信号。

将 IC3 中由子码分解出来的控制码直接送往 IC5，其信息可作为 CPU 的控制基准，也可用于 LCD 显示。IC3 中检测出的帧同步还可用于主轴电动机的恒线速度伺服控制。对于上述的各种信号处理，主要由 IC5 来管理和控制。IC5 通过 6 脚 DATA、1 脚 XLT、5 脚 CLOCK 发送各种控制指令，并检测指令执行结果；3 脚 FOK 用于检测聚焦是否正常；19 脚 L IN 和 20 脚 L OUT 用于发送 CD 托盘进出驱动信号；17 脚 MUT 用于发送静音开关信号；18 脚 EOS 用于发送去加重开关信号；11 脚 SWIN 和 12 脚 SW OUT 用于检测 CD 托盘进出是否到位，此外，11 脚还具有 LD ON 功能，用于启动 LD 和 PD 电路。

遥控器发射的信号经 SBX1610 接收、滤波和放大输入 IC5 的 64 脚 RM IN，经解码后，IC5 将发送出相应的控制指令。

三、激光 CD 机的常见故障及检修方法

1. 激光 CD 机的常见故障

激光 CD 机的故障现象主要表现为无法听到声音或音质不好。对于这些故障现象可以通过测试相关信号或观察激光 CD 机的工作情况来进行故障检查。激光 CD 机电路存在各种不

同的信号，如数字音频信号、模拟音频信号、视频信号等，这些信号有各自的特点，检修时必须根据其特点采用不同的方法。有些激光 CD 机时而工作正常，时而不正常；或刚开机时工作正常，过几分钟后又不正常；或开始不正常，过几分钟后又自动恢复正常。对于这些软故障不能按照常规的方法去检修，必须采用一些特殊的方法。

2. 故障检修方法

（1）硬故障的检修方法

硬故障的检修主要采用信号检测法，即通过检测一些关键信号的有无来判断相关电路的好坏。

1）RF 信号和 EFM 信号。RF 信号和 EFM 信号的特点是，信号由 3～11T（T=116 ns）不同宽度的码型组成。对于这两种信号，不能用模拟电路的检测方法，要通过检测信号电压的大小来判断故障，有时还必须用示波器测量其波形，根据波形的正确与否来判断其是否正常。例如，只能靠示波器来测量 RF 信号的眼图是否清晰，而不能用万用表来测量。

2）控制指令及数据信号。由微处理器发出的各种控制指令以及数据信号均为二进制编码信号，不能用示波器测量出这两种信号所代表的内容，因此，只能从其功能的有无来推测其故障所在。例如，用示波器不能测出控制信号是否发出指令，只能通过其功能的有无来推断是否发出指令。

3）各种驱动信号。激光 CD 机的驱动信号有聚焦信号、循迹信号、主轴电动机信号、出 / 入盘电动机信号、进给电动机信号等，这些驱动信号可以用万用表测量其驱动电压来判断故障所在。

4）视频信号、音频信号及各类时钟信号。可以用示波器观察其波形，也可以用万用表测量其电压来判断信号有无。

5）开关信号及电源供电。限位开关、门开关以及微处理器输出的其他各种开关信号只有两种状态值，可以用万用表测量其电压来判断所处的状态。也可以用万用表测量电源供电的交、直流电压来判断其是否正常。

（2）软故障的检修方法

对于激光 CD 机时而工作正常，时而不正常；或刚开机时工作正常，过几分钟后又不正常；或开始不正常，过几分钟后又自动恢复正常，可以用以下的检修方法：

1）冷冻法。对于开机时工作不正常，过几分钟后就稳定的激光 CD 机，可以采用冷冻法，即用冷冻剂（如酒精等）喷射到疑似故障的元件上，使其迅速降温，观察激光 CD 机是否出现故障，如果出现故障，则说明该元件有故障。

2）加热法。如果激光 CD 机时而工作正常，时而不正常，或激光 CD 机工作一段时间后才出现故障，说明其中的某些元件临近失效或热稳定性差。检修时为了节省时间，加速暴露故障，可以采用加热法，即用热风筒吹疑似故障的元件，或用烙铁头靠近疑似故障的元件，观察激光 CD 机是否出现故障，如果出现故障，则说明该元件有故障。使用加热法时应注意，如果加热到 70℃左右激光 CD 机仍无故障出现，则说明怀疑有误，应停止加热，以免损坏元件。

3）按压法。声音时有时无的故障很有可能是电路虚焊造成的，特别是一些扁平封装的大规模集成元件，其引脚容易出现虚焊。检修时，可以用手按压疑似虚焊的电路板，如果故障随按压而发生变化，则说明电路有虚焊，此时可将疑似故障的元件重新焊牢。使用按压法时，要注意用力不要过猛，以免损坏电路板。

四、激光 CD 机常见故障的检修流程及检修注意事项

1. 检修流程

对于激光 CD 机，出现故障后可以遵循先外围后 IC、先模拟后数字、先硬件后软件、先手控后遥控、先关键点后一般点的维修思路。

图 7-1-4 ~ 图 7-1-7 分别为整机故障的检修流程图、装载机构故障的检修流程图、光盘不转故障的检修流程图和读目录故障的检修流程图。

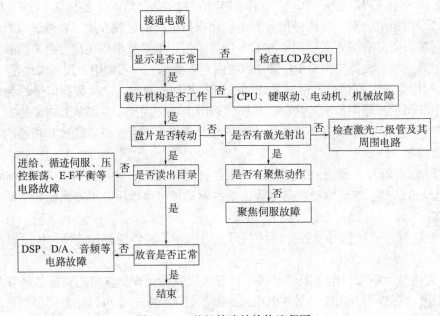

图 7-1-4　整机故障的检修流程图

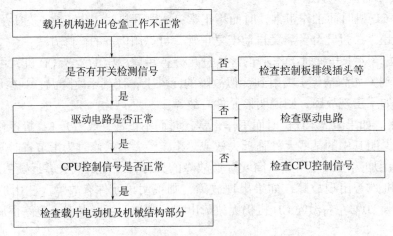

图 7-1-5　装载机构故障的检修流程图

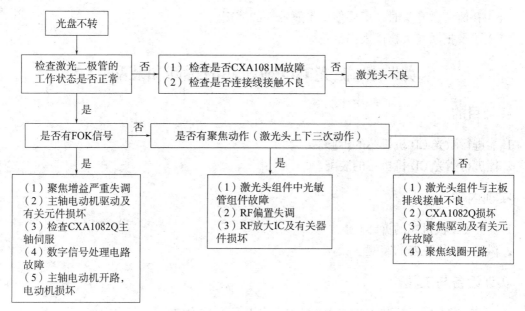

图 7-1-6　光盘不转故障的检修流程图

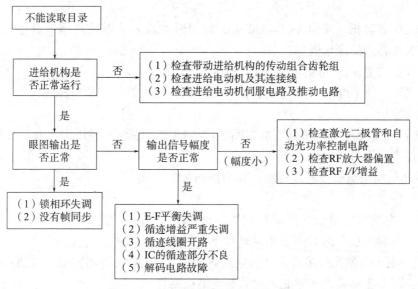

图 7-1-7　读目录故障的检修流程图

2. 检修注意事项

（1）取出托盘内的盘片时，应先切断电源。

（2）拆卸、焊接激光头时，应注意静电给激光 CD 机带来的危害（激光头及激光 CD 机内的集成电路均可能因静电而损坏）。

（3）检修时不要用眼睛直视激光束。

（4）不要随意调节激光 CD 机内的各电位器，尤其是光功率调整电位器要慎调。

（5）装卸时应防止撞击和振动。

（6）在清洗激光头时，不要使用带腐蚀性的溶剂。

（7）不要把激光头物镜表面刮花。

实训 1　激光 CD 机机芯的拆卸和装配

实训目的

1. 能进行激光 CD 机机芯的拆卸。

2. 能进行激光 CD 机机芯的装配。

实训内容

1. 激光 CD 机机芯的拆卸。

2. 激光 CD 机机芯的装配。

实训设备与工具

激光 CD 机、常用拆装工具（大 / 小旋具、镊子等）、铁夹。

实训步骤

以 CD/VCD 兼容机（新科 VCD–320 机）为例说明机芯的拆装步骤，其他激光 CD 机的拆装方法可参考相应的维修资料。

1. 拆卸视盘机上盖四周的螺钉，打开上盖。

2. 接通电源，按 OPEN/CLOSE 键，使托盘移出机外，然后切断电源，拔下电源插头。

3. 拆卸前面板。

（1）拔下前面板与主板和电源板之间的连线插件，注意不要用力拉其连接线，可用镊子先挑开插件上的卡口，再将其拔下。

（2）拆卸前面板与底板固定螺钉，移出前面板。

4. 拆卸主板。

（1）拔下主板与电源板之间的连接线插件（25 芯），并用铁夹夹住插头的金属裸露部分，以防止静电对主板上的 CMOS 集成电路产生影响。

（2）拔下主板与激光头组件之间的连接线插件（16 芯），并用铁夹夹住插头的金属裸露部分，以防止静电击坏或击伤激光发射管和光电检测管。

（3）拔下主板与机芯之间的连接线插件，注意各自的对应位置，并做好记号。

（4）卸下主板上的固定螺钉，移出主板，并将其放在不易产生静电的物件上面，同时尽量不要再移动主板，以免摩擦产生静电。

5. 移出整个机芯。卸下机芯底座上的固定螺钉，即可移出整个机芯。

6. 拆卸托盘。

（1）在托盘已移出机外的情况下，卸下托盘两边的螺钉，轻轻拉出托盘。

（2）在托盘位于机内、光盘已处于装载的情况下，无法拉出托盘。这时可以用小旋具从机芯底座的小孔中拨动加载传动机构的齿轮，使之转动，这样就可以在加载传动机构的带动下，使托盘移出机外。

7. 拆卸选盘机构。卸下转盘中心的螺钉即可取下转盘。然后再进行选盘电动机的拆卸、盘号编码检测开关和选盘到位监测开关的拆卸等。

8. 拆卸加载传动机构。卸下加载传动机构上相应的固定螺钉，即可取下传动机构、加载电动机、托盘出检测开关和托盘入检测开关。

9. 拆卸光盘装卸机构。

（1）卸下芯座升降架两边的螺钉，取出升降架。取出时，必须注意加载驱动轮上的升降柱与芯座升降架上扭簧的相对位置，即升降柱必须位于扭簧的前面。这一位置关系如果不注意，在组装机芯后，可能会导致机芯不能工作，甚至损坏机芯的齿轮。

（2）卸下加载驱动轮上的固定螺钉，即可取下加载驱动轮，拆卸芯座的上升和下降到位检测开关。

10. 移出升降芯座。升降芯座上安装有激光头组件、进给机构和光盘旋转机构。

11. 拆卸激光头组件。用镊子和小旋具拨开激光头滑杆的卡口，拉出滑杆，就能取下激光头组件。

12. 拆卸其他机构。卸下相应的固定螺钉，可以卸下进给电动机、限位控制开关以及主轴电动机等。

13. 按拆卸的相反顺序组装机芯，注意不要装错位置和用错螺钉，有关部件上的连接导线要认真固定，导线固定位置过长、过短或位置不正确都有可能影响机芯的正常工作，特别是激光头引线的固定和托盘上选盘机构引线的固定尤为重要。

拆装过程中的注意事项：

（1）各零部件上的螺钉应分开放置，有关垫片、弹簧的装配位置要记牢，以免装配时出现错装、漏装等现象。

（2）各零部件之间的相对位置应特别注意，必要时做上记号，否则，若装配时错位，将使机芯不能工作，甚至会损坏激光 CD 机。

§7-2　DVD 机

学习目标

1. 熟悉 DVD 机的基本组成。
2. 掌握 DVD 机的工作原理。
3. 熟悉 DVD 机的常见故障及检修方法。
4. 熟悉 DVD 机常见故障的检修流程。

DVD 机即数字视盘机，又称为数字多功能盘，是包括各类 DVD 盘片录放设备的系列产品。DVD 机的原理和 VCD 机基本相似，只不过盘片存储密度更大，激光波长更短，图像清晰度和音质更好，放映时间更长。

一、DVD 机的基本组成

DVD 机是在 CD/VCD 机的基础上发展起来的，其结构与 VCD 机相似，都是由机芯和电路两大部分组成，其组成框图如图 7-2-1 所示，电路实物图如图 7-2-2 所示。

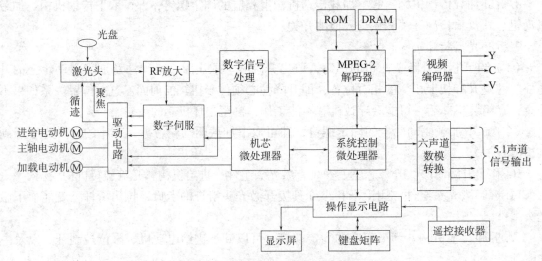

图 7-2-1　DVD 机的组成框图

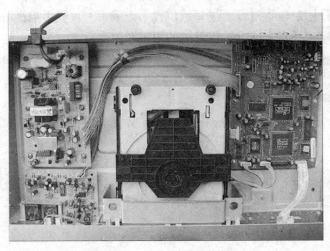

图 7-2-2　DVD 机电路实物图

二、DVD 机的工作原理

DVD 机的型号很多，这里主要以飞响 20D 型 DVD 机电路为例进行讲解，其电路结构图如图 7-2-3 所示。飞响 20D 型 DVD 机主要由 DVD 机芯、开关电源、操作显示（U9）、超级单芯片（U2）、程序存储器 FLASH（U3）、动态存储器 SDRAM（U4）、用户参数存储器 EEPROM（U5）、驱动 IC（U8）、音频运算放大器（U6）以及视频、音频、光纤 / 同轴输出插座接口构成，可分为系统控制电路、伺服电路和数字信号处理电路三大部分，各部分电路的功能如下：

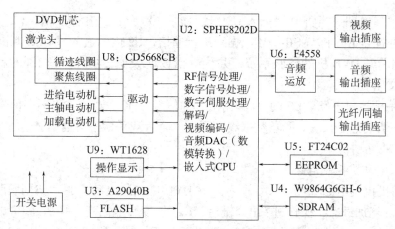

图 7-2-3 飞响 20D 型 DVD 机电路结构图

1. 系统控制电路

系统控制电路主要包含数据传输电路、加载电动机控制电路和激光功率自动控制电路。

（1）数据传输电路

数据传输电路如图 7-2-4 所示。红外遥控接收器接收到的各种遥控操作信息，从 71 脚输入 U2，进行各种遥控操作。U2 的 72～74 脚与 U9 的 3、4、2 脚构成的总线，用于传输操作信息与显示数据。U2 通过数据线、地址线和控制线从 U3 读取系统控制程序与解压数码，对整机实施程序与解码控制。U2 通过数据线、地址线和控制线与 U4 相连，将数字信号处理过程、解码过程中的中间数据存入 SDRAM 中，在需要时提取出来。U2 的 67、68 脚与 U5 的 6、5 脚构成 I2C 总线，用于传输用户设置信息。

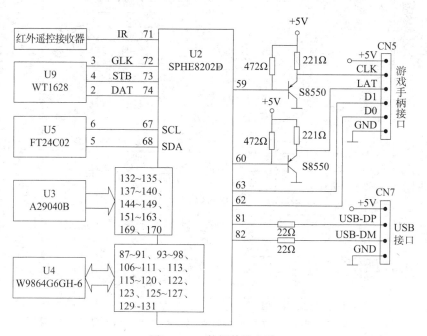

图 7-2-4 数据传输电路

1）USB 接口电路。当将 U 盘插入 USB 接口时（要将机芯内的光盘取出），U 盘与 U2 的 81、82 脚之间的 USB–DP、USB–DM 数据线进行通信，U2 内的嵌入式 CPU 判断出 USB 的状态，从而控制断开 DVD 机的伺服系统，并从 U 盘读取数据，再经 U2 内部的解码器对 U 盘上的音 / 视频数据进行解读。

2）游戏手柄接口电路。U2 的 59 脚输出时钟信号 CLK，60 脚输出锁存信号 LAT 到游戏手柄，63、62 脚通过 D1、D0 两条数据线分别与两个游戏手柄进行通信，传输游戏指令和程序，以实现游戏互动功能。

（2）加载电动机控制电路

加载电动机控制电路如图 7-2-5 所示。该 DVD 机加载电动机驱动与伺服驱动共用一块驱动 IC（U8）。当加载时，操作进 / 出仓键后，U2 的 49 脚输出高电平加到 U8 的 6 脚，50 脚输出低电平加到 U8 的 7 脚，经电平变换与驱动放大后，其加载驱动电压从 U8 的 9、10 脚输出，使加载电动机正转，实施加载操作。托盘进仓到位时，托盘进检测开关 K2 闭合。该检测信息提供给 U2 的 45 脚，U2 输出制动 / 停止转动指令，加载电动机停转，完成加载操作。

当卸载时，操作进 / 出仓键后，U2 的 49 脚输出低电平加到 U8 的 6 脚，50 脚输出高电平加到 U8 的 7 脚，经电平变换与驱动放大后，其卸载驱动电压从 U8 的 9、10 脚输出，使加载电动机反转，实施卸载操作。托盘移出到位时，托盘出检测开关 K3 闭合。该检测信息提供给 U2 的 46 脚，U2 输出制动 / 停止转动指令，加载电动机停转，完成卸载操作。

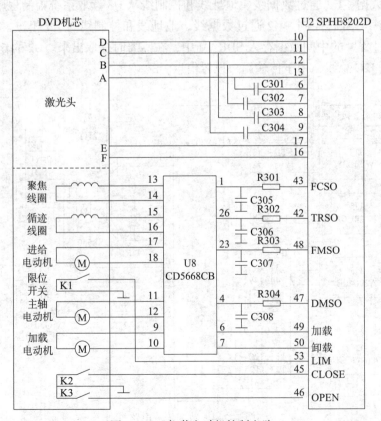

图 7-2-5　加载电动机控制电路

（3）激光功率自动控制电路

激光功率自动控制电路如图 7-2-6 所示。在每次播放开始时，激光头复位后，在聚焦搜索的同时，嵌入式 CPU 控制自动光功率控制（APC）电路先启动 650 nm 激光器发射红色激光识读 DVD 光盘，然后启动 780 nm 激光器发射红外激光识读 CD 格式光盘程序的激光初始发射指令。U2 内部集成有 APC 电路，20 脚为 LD1（DVD）激光功率驱动信号输出端，21 脚为 LD2（CD）激光功率驱动信号输出端，22 脚为激光功率检测信号输入端，54 脚为光盘识别信号输出端。激光功率检测二极管（PD）用于检测 LD1（DVD）、LD2（CD）的激光功率，根据功率的大小输出监测信号，分别从 22 脚送入 U2 内部的 APC 电路。APC 电路将激光功率检测二极管送来的信号与基准信号进行比较放大后，从 20 脚或 21 脚输出控制电压，去调节 V4（或 V5）输出的驱动电流，从而控制激光发射管 LD1（或 LD2）的激光功率。

当播放 DVD 格式的光盘时，54 脚输出高电平，使 V3 导通，将激光功率调整电位器 VR1（DVD）接入电路，同时使 V1 导通，V2 截止，VR2（CD）不接入电路。当播放 CD 格式的光盘时，54 脚输出低电平，使 V3 截止，VR1（DVD）不接入电路，同时使 V1 截止，V2 导通，将 VR2（CD）接入电路。

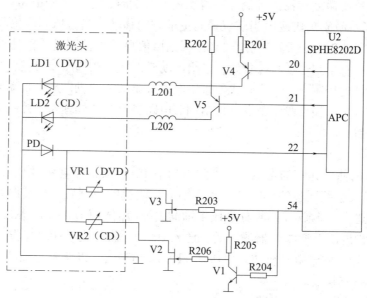

图 7-2-6 激光功率自动控制电路

2. 伺服电路

伺服电路主要由聚焦伺服电路、循迹伺服与进给伺服电路、主轴伺服电路三部分组成，其电路参考图 7-2-5 加载电动机控制电路的上半部分。

（1）聚焦伺服电路

在播放过程中，将 DVD 机芯中激光头反映物镜识读状态的电信号（A、B、C、D）从 10～13 脚送入 U2 内的聚焦误差检测电路，将其失焦量检测出来，并直接送至内置的数字伺服电路。在数字伺服电路中，先将信号进行数字化处理，再经伺服 DSP 运算，处理成聚焦伺服控制信号（FCSO）从 U2 的 43 脚输出，经 R301、C305 构成的低通滤波器滤波后，送入 U8 的 1 脚，内置驱动电路将其处理成与离焦状态相反、大小相等的聚焦伺服驱动电流，从 13、14 脚输出，送入聚焦线圈，以调整物镜的聚焦深度，校正激光识读光点，确保准确读取光盘信息。在每次播放开始时，激光头复位后，由 U2 内的嵌入式 CPU 发出聚焦访问与激光发射指令，切断聚焦伺服环路，同时启动聚焦搜索电路，产生聚焦搜索锯齿波，通过驱动电路产生从正到负变换的较大电流，使聚焦线圈带动物镜上下移动。

（2）循迹伺服与进给伺服电路

将反映物镜跟踪信息纹轨状况的电信号从 6 ~ 9、16、17 脚送入 U2 内的相位检测器或 CD 循迹误差检测器，将偏离量检测出来，再经补偿处理成循迹误差信号，并直接送至内置的数字伺服电路。在数字伺服电路中，先将信号进行数字化处理，再经伺服 DSP 运算，处理成循迹伺服控制信号（TRSO）和进给伺服控制信号（FMSO），分别从 U2 的 42、48 脚输出，并经 R302、C306 与 R303、C307 构成的低通滤波器滤波后，分别送入 U8 的 26、23 脚，内置驱动电路将其进行电平变换与驱动放大处理，循迹伺服驱动电流从 15、16 脚输出，进给电动机驱动电压从 17、18 脚输出，通过物镜与进给机构校正激光识读光点，使其始终能投射在光盘的纹轨上。

进给伺服电路受微处理器的控制，在每次播放开始时，进给伺服电路要在 U2 内的嵌入式 CPU 控制下，将激光头快速由当前位置向主轴方向移动，当碰压到限位开关后 K1 闭合，该检测信息提供给 U2 的 53 脚，微处理器检测到该信息后再控制进给电动机带动激光头向外移动一定距离，直至到达零轨位置处，进给电动机停转。在选曲或快进、快倒时，进给伺服电路在微处理器的控制下，产生较大的进给电流来驱动电动机，从而带动激光头快速由内向外或由外向内移动。当读盘结束后，进给伺服电路也要在微处理器的控制下，使激光头由外圈回到初始位置处。

（3）主轴伺服电路

激光器拾取的播放光盘的电信号，通过 U2 内的数字锁相环电路对 RF 信号进行锁相处理，产生与光盘线速度同步的位时钟，经主轴进行线速度检测后，将其误差信号送入主轴数字恒线速度处理器，经误差运算处理成主轴伺服控制信号（DMSO），从 U2 的 47 脚输出，经 R304、C308 构成的低通滤波器滤波后，送入 U8 的 4 脚，内置驱动电路将其进行电平变换与驱动放大处理，主轴电动机驱动电压从 11、12 脚输出，以调整主轴电动机的转速，使光盘始终维持恒线速度旋转。

3. 数字信号处理（DSP）电路

数字信号处理电路先进行 RF 运算，然后进行数字限幅与锁相等前期处理。前者形成 EFM/REFM+ 位流，后者产生同步位时钟信号，并利用同步位时钟将播放 CD 格式光盘的 EFM 位流送入通道解码单元中的 EFM（8/14）解调器，而将播放 DVD 格式光盘的 EFM+ 位流送入通道解码单元中的 EFM+（8/16）解调器。解调器配合外挂共享的 SDRAM（U4）工作。经 EFM+ 解调后的信号，再经复制保护电路与解密电路，以恢复 DVD 格式的本来顺序。将输出的 MPEG-2 压缩数据流直接送入内部的解码器，经 EFM 解调后，再经纠错、去扰等处理，输出 MPEG-1 压缩数据流并直接送入内部的解码器。嵌入式 CPU 在获得播放光盘的类别信息后，能根据其压缩格式，控制视频、音频解码器对播放的 CD 光盘进行 MPEG-1 音、视频解压缩运算；对播放的 DVD 光盘进行 MPEG-2 音、视频解压缩运算（或进行 AC-3、DTS 解码）；解读 U 盘中存储的 MPEG-1/2 文件及 WMA、MP3、JPEG 等媒体数据格式的信息。

图 7-2-7 所示为飞响 20D 型 DVD 机数字信号处理电路，解压后的数字视频信号被送入内置视频编码器，并按菜单设定的视频输出信号种类进行视频编码，再经视频数模转换，转换成模拟复合视频信号（CVBS）、S 端子亮度信号（Y）、S 端子色度信号（C）、色差分量信号（Y/Cb/Cr）以及三基色（R/G/B）信号，分别从 U2 的 187、192、193、195 脚输出。U2 输出的每一路视频信号均送入三极管放大电路进行信号放大，再经低通滤波器滤除数字视频信号转换为模拟视频信号时存在的取样脉冲高频干扰，然后送入相应的视频输出插座进行视频输出。当视频输出设定为逐行扫描方式时，从 U2 的 181、182 脚分别输出行同步信号（HSY）、场同步信号（VSY）至 VGA 输出接口。

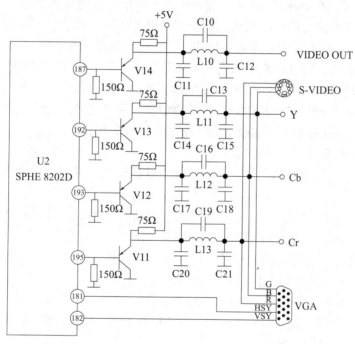

图 7-2-7　飞响 20D 型 DVD 机数字信号处理电路

三、DVD 机的常见故障及检修方法

DVD 机的各个部分密切配合完成程序化进程，如果某一部分出现故障，就会使整机工作异常或不工作。因为 DVD 机的机芯动作频繁，所以大部分故障都集中在机芯部分。

1. 激光头的常见故障及检修方法

激光头的故障较多，主要有激光头读光盘时要发出对应波长的激光，长期使用，其激光发射二极管会老化或损坏，造成激光发射减弱或无激光发射等故障。这种故障可以通过观察激光的有无和所发射激光的亮度，并通过与正常的 DVD 机进行比较来加以判断，可采用更换激光头的方法来排除故障。

在更换激光头时，既要防止污损物镜表面，同时还要防止静电对激光管的损坏。具体应注意，在更换激光头前，一定要把激光头保护点用焊锡短路，更换完成后，在通电试机前再用电烙铁把保护点开路。

若激光的光路被阻挡，如激光头物镜表面或内部棱镜上有灰尘、结露、油污等，使光路被遮挡，光通量减小，造成 DVD 机读光盘的能力下降或不能读光盘，检修方法一般是用棉签蘸纯净水擦拭。激光头的灰尘等较多时，可以用超声波清洗机进行清洗。

对由于激光头的发光功率降低引起的一些光盘能读、一些光盘不能读的故障，如果激光头上没有灰尘污染，可以微调激光功率电位器，增大激光发射功率。需要注意的是，有些 DVD 机激光头上有 2 个微调电位器，分别对应读 DVD 光盘和 CD/VCD 光盘，在调整时一定要注意区分。另外，为了防止调整无效，一定要记住微调电位器调整前的初始位置，以便调整失败时恢复原位。

2. 主轴电动机的常见故障及检修方法

在播放 DVD 光盘时，由于 DVD 光盘轨迹细密，信息容量大，需要光盘高速旋转，进而带动光盘旋转的主轴电动机也高速旋转，主轴电动机因转速快，容易损坏。目前，DVD 机的主轴电动机多采用普通直流碳刷电动机，这类电动机高速转动时，易使内部碳刷磨损，从而引起换向器短路、漏电；或使碳刷和换向器接触不良，导致电动机转速降低，有时比 VCD 机的主轴电动机转速还低，最终导致 DVD 机不读光盘；或因电动机内部短路电流过大而烧毁驱动集成块。另外，这种微型电动机长期工作后可能老化，使其内部线圈绕组与金属外壳短路或有一定的接触电阻，也会造成电动机误动作或不工作。

判断主轴电动机质量好坏的方法如下：

（1）用手转动主轴电动机的轴，看转轴能否顺畅转动，进而判断电动机内部有无异物或变形。

（2）用指针式万用表 $R \times 1$ 挡正向和反向测量主轴电动机两端的阻值，同时观察主轴电动机能否快速启动，启动后是否旋转平稳、转轴有无卡阻以及噪声是否异常，并将主轴电动机置于不同角度进行测量。如果将主轴电动机置于任何角度均能快速启动，并旋转平稳，说明主轴电动机正常。如果主轴电动机处于某方位就不能正常工作，说明其性能不良，须更换或修理。

（3）用万用表测量主轴电动机的直流电阻阻值。用数字式万用表测得的直流电阻阻值一般为 $8 \sim 12\ \Omega$，用指针式万用表测得的该阻值约为 $10\ \Omega$。若测得阻值与标准值相差较大，说明其性能不良，须更换或修理。

主轴电动机的维修一般用同型号的电动机进行替换，当无同型号的电动机时，可以把主轴电动机拆卸下来，浸入酒精或汽油中，给电动机通入 $3 \sim 12\ V$ 可调电压，让电动机转动几分钟以清除杂质，然后取出电动机，用吹风机将其吹干，即可修复。

3. 伺服机构的常见故障及检修方法

聚焦线圈和循迹线圈的常见故障有线圈断线、虚焊以及线圈弹性支架疲劳变形等，造成激光头无聚焦或循迹动作。如果线圈弹性支架变形，很容易使激光头物镜倾斜，造成光路改变，从而不能读光盘。通常循迹线圈和聚焦线圈故障是长期使用坏盘时，聚焦伺服和循迹伺服频繁、大幅度动作造成的，有时使用环境潮湿也会使聚焦线圈和循迹线圈霉变、断裂。

伺服驱动机械传动部分也时常发生故障。例如，进给电动机的传动齿轮组磨损、断齿，这时往往会引起齿轮传动无力、打滑，造成读盘不畅；机件中有异物（如大颗粒灰尘等）阻塞其正常运动，造成机件不能运行到位；少数 DVD 机激光头金属导轨的塑料固定座（卡子）断裂，使激光头移动位置倾斜，从而无法读盘。

托盘加载电动机所用的传动带老化后也会使托盘进/出仓无力或不能移动，一般更换传动带就能排除故障，应急时可以采用增大传动带和传动带轮间的摩擦来排除故障。

伺服驱动集成块的输出功率相对较大，长期运行，可能因老化、发热严重、负载过载短路而损坏，造成不能驱动或驱动无力等故障，常用代换法进行修理。

进/出仓到位开关和激光头零轨位置开关（限位开关）如果失灵，可用电阻法加以判断。

4. 扁平软排线的常见故障及检修方法

扁平软排线是连接激光头组件和数码板的信号通道，由于导线很细，安装时可能有折叠，且工作时要随激光头组件频繁往复移动，易使排线部分或全部折断。例如，排线的某一根有断线，当激光头带动扁平软排线移动到某一个特殊位置时，恰好是这根线断裂，造成此时无法继续读盘的故障。

另外，扁平软排线的插座或接线端头可能因氧化造成接触不良。检修时如果频繁地插拔排线或用力不均匀，也可能使软排线接触不良或损坏。

扁平软排线常用的检修方法是代换法。如果是软排线端头氧化，也可以用合适的工具（如小刀）去除氧化物后再使用。还可以在检修时，把软排线拔下来，对调两端头并插上插座试机，有时也能排除故障。

5. 视频输出的常见故障及检修方法

DVD机专用的视频编码器与输出端子之间一般有一级缓冲级（视频缓冲级），由于雷电或部分电视机采用热地、漏电等原因使视频缓冲级损坏，特别是某些为了节约成本而省略了视频缓冲级的DVD机更易损坏。

还有一类无视频输出的故障是用户设置错误造成的。例如，在使用DVD机时，用户无意中把DVD机的视频输出制式设置成了逐行扫描，而普通电视机没有逐行扫描功能，因DVD机视频输出制式和电视机AV接收制式不匹配造成电视机黑屏或图像分裂等故障。这类故障可以用原DVD机所配的遥控板来排除，即用DVD机遥控板把DVD机视频输出制式调整为隔行扫描，具体为长按DVD机遥控板上的"逐行扫描"键（或"制式"键、"视频"键、"I/P"键、"智能"键）3 s以上，使DVD机的视频输出制式与电视机的AV接收模式相匹配。

四、DVD机常见故障的检修流程

DVD机与CD机一样，都是集光、机、电于一体的数字化设备，它们都有相同或类似的光学读取机构、伺服控制系统和微处理控制系统，都是以微处理器控制为核心的数字音/视频设备。它们都采用了和一般计算机相同的工作方式，即按软件设定的流程进行工作，从开机到输出音/视频信号都是按特定的程序进行的，一旦某个环节出现故障或未通过，后面的流程也会终止。因此，在对DVD机故障进行检修时，应按照其工作流程来检查与分析，这样可以取得事半功倍的效果。

与CD机一样，DVD机的故障种类也具有复杂性、多样性的特点。与其他家用电子产品相比较，DVD机的维修难度更大。下面介绍DVD机常见故障的检修流程。

1. 不读盘故障的检修流程

无法读取光盘信息的故障绝大部分在DVD机芯部分，主要有系统CPU或机芯CPU及外围电路的故障（整机大多数电路都是在系统CPU的参与和控制下完成工作的）。不读盘故障的检修流程图如图7-2-8所示。

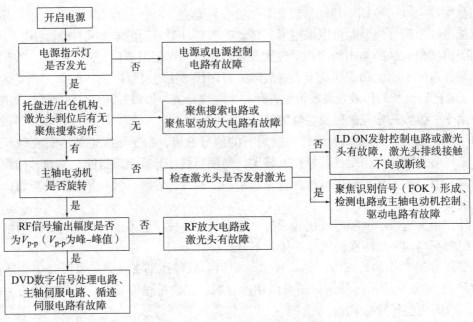

图 7-2-8　不读盘故障的检修流程图

2. 开机无显示故障的检修流程

　　DVD 机开机后显示屏不亮，应重点检查电源供电电路、操作显示电路、显示屏或系统 CPU 电路。为了缩小故障范围，可以连接电视机观察是否有图像和声音。若电视机有图像和声音，说明故障在操作显示电路或显示屏本身损坏；若电视机无图像和声音，说明故障在系统 CPU 电路或电源供电电路。开机无显示故障的检修流程图如图 7-2-9 所示。

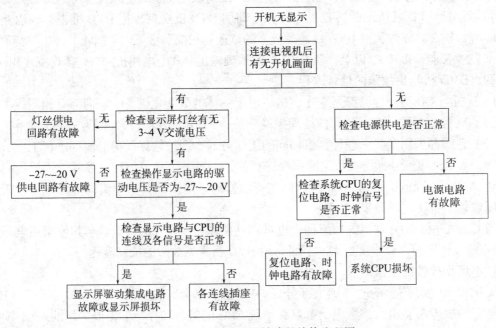

图 7-2-9　开机无显示故障的检修流程图

3. 主轴电动机不转故障的检修流程

主轴电动机不转应重点检查 RF 放大电路、FOK 形成电路、主轴伺服电路、主轴电动机驱动电路和主轴电动机等，其检修流程图如图 7-2-10 所示。

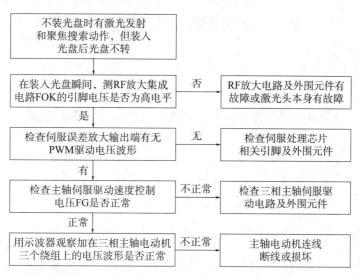

图 7-2-10 主轴电动机不转故障的检修流程图

4. 无激光发射故障的检修流程

无激光发射应重点检查机芯的状态检测电路、系统 CPU 的 LD ON 控制引脚电压、LD 驱动电路等，其检修流程图如图 7-2-11 所示。

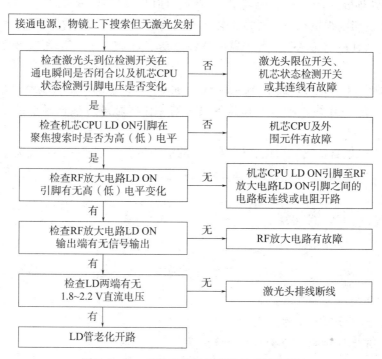

图 7-2-11 无激光发射故障的检修流程图

对 DVD 机的故障检修，必须遵循一定的规律进行，即必须根据整机的系统工作流程来确定故障的检修流程。同时，还应根据整机各单元电路故障出现的概率，把握好检修的基本原则：先简后繁，先外围后集成，先模拟后数字，先硬件后软件。

实训 2 家庭影院设备的连接与操作

实训目的

1. 了解家庭影院系统的主要组成。
2. 掌握家庭影院设备的基本操作技能，能进行家庭影院设备的连接。

实训内容

1. 将各设备连接起来组成家庭影院系统。
2. 对家庭影院系统进行调试并感受影院效果。

实训设备与工具

DVD 机、带 AC-3 解码器的 AV 功放、大屏幕电视机、家庭影院音箱（包括左右主音箱、前置音箱、后置左右环绕声音箱和有源超低音音箱）、AC-3 效果试音光盘、连接线。

实训步骤

1. 对照说明书熟悉 AC-3 解码器与 AV 功放各按键和插口的功能。
2. 对照说明书熟悉 DVD 机、电视机各按键和插口的功能。
3. 将 DVD 机与电视机相应信号端连接起来，练习 DVD 机与电视机的基本操作。
4. 分别将 DVD 机与带 AC-3 解码器的 AV 功放、AV 功放与家庭影院音箱连接起来，组成家庭影院系统。
5. 接通电源，将 AV 功放置于 AC-3 模式，播放 DVD 机的 AC-3 效果试音光盘。若系统不能正常工作，应对连线、操作方式及各设备的工作状态进行检查，直到系统正常工作为止。
6. 在最佳听音位置认真观察电视屏幕图像的清晰度，仔细听各声道音箱发出的声音，充分体验声像分布的空间感与方位感，感受影院效果。

§7-3 MP3 播放器

学习目标

1. 熟悉 MP3 播放器的基本组成。
2. 掌握 MP3 播放器的工作原理。
3. 熟悉 MP3 播放器的常见故障及检修方法。

MP3 播放器主要有两种功能，一是播放功能，具有多种播放选择，如顺序播放、随机播放、单曲循环播放、全部循环播放等；二是录音功能，包括内置 / 外置麦克风录音、MP3/WAV 格式的数码录音转换等。

除此之外，有些 MP3 播放器还具有某些特殊功能，如 FM 收音机、日记簿、电话簿、各种 EQ 模式（如摇滚、古典、流行等）、不同语言文字显示歌名、低音和高音控制、外插存储卡、HOLD 锁定键（可使所有按键失效，以避免在运动中或不小心引起误操作）等。

一、MP3 播放器的基本组成

一个完整的 MP3 播放器主要由中央处理器和 MP3 解码器、数据源（硬盘、FLASH、MMC 卡、光盘）、数据接口（USB 接口、串口）、音频输出、LCD 显示和控制键（KEYBOARD）组成，如图 7-3-1 所示。其中，中央处理器和 MP3 解码器是整个系统的核心，这两部分集成在一个芯片中。这里的中央处理器通常称为 MCU（单片微处理器），简称为单片机，它控制 MP3 各个部件的工作（从存储设备读取数据送到解码器解码；与主机连接时完成与主机的数据交换；接收控制按键的操作；显示系统运行状态等）。MP3 解码器是芯片中的一个硬件模块，或者说是硬件解码（有的 MP3 播放器是软件解码，由高速中央处理器完成），它可以直接完成各种格式 MP3 数据流的解码操作，并输出 PCM 或 I2S 格式的数字音频信号。

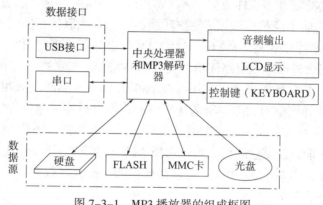

图 7-3-1 MP3 播放器的组成框图

数据源是 MP3 播放器的重要组成部分，MP3 播放器一般都是采用半导体存储器（FLASH），它存储主机通信端口传来的数据（通常以文件形式），回放时 MCU 读取存储器中的数据并送到解码器。数据的存储需要有特定的格式，众所周知，计算机是以文件形式管理磁盘数据的，MP3 也不例外，最常用的方法就是直接利用计算机的文件系统来管理存储器，微软操作系统采用的是 FAT 文件系统。播放器其中一个任务就是要实现 FAT 文件系统，即可以从 FAT 文件系统的磁盘中按文件名访问并读出其中的数据。

数据接口是 MP3 播放器与计算机交换数据的途径，计算机通过该端口操作 MP3 播放器存储设备中的数据，进行删除、复制文件等操作。目前使用较多的是 USB 总线，将 MP3 播放器作为计算机的一个移动存储设备。这里需要遵循 USB 通信协议、大容量移动存储器规范和 SCSI（小型计算机系统接口）协议。

音频输出是通过将数字音频信号转换成模拟音频信号输出，以推动耳机、功放等模拟音响设备。数字音频信号是相对模拟音频信号来说的。模拟音频信号对波的表示是连续的函数特性，基本的原理是不同频率和振幅的波叠加在一起。数字音频信号是对模拟音频信号的一种量化，典型方法是对时间坐标按相等的时间间隔做采样，对振幅做量化。这样一段声波被数字化后变成一串数值，每个数值对应相应抽样点的振幅值，按顺序将这些数字排列起来就是数字音频信号了。这是模数转换过程，数模转换过程与之相反，即将连续的数字按采样时的频率顺序转换成对应的电压。MP3 解码器解码后的信息属于数字音频信号（数字音频信号有不同的格式，最常用的是 PCM 和 I2S 两种），需要通过数模转换器转换成模拟信号才能推动功放，被人耳所识别。

　　LCD 显示主要用于显示所播放的音乐名称或音乐字幕等。控制键 KEYBOARD 则通过按键对 MP3 播放器进行相关的功能操作。

二、MP3 播放器的工作原理

　　MP3 播放器的种类有很多，本节主要以珠海炬力 MP3 电路为例讲解其原理。

1. 珠海炬力 MP3 电路的功能和特点

　　珠海炬力 MP3 是以主芯片 ATJ2085 为核心的一种 MP3 播放器，ATJ2085 是基于 FLASH 数字音乐播放机的单芯片集成电路，是目前中低端市场占有率最大的解码芯片之一。ATJ2085 为 LQFP 封装，64 针脚，采用内嵌式的 MCU 和 24 bit DSP 双处理器体系结构，分别完成针对操作事件控制和多媒体数据编 / 解码算法的系统级优化。它通过数模混合信号技术，在单一硅片上集成了高精度数模 / 模数转换器、USB 控制器、实时时钟等，支持 MP3/WMA/WAV/WMV/ASF 等格式媒体播放，支持 MTV 电影播放，支持 JPG、GIF、BMP 图片浏览。其系统集成度高，外围应用电路简单，拥有功能完善而成熟的开发工具和环境，降低了开发者的研发成本，非常利于生产。采用 ATJ2085 的 MP3 产品功能都相当丰富，而且拥有三大特点：一是支持异度空间功能，所谓异度空间，即可以将磁盘进行任意两部分的分区，然后加密，保护文件的私密性；二是兼具 AB 复读、对比跟读、16 级速度调节、LRC 歌词显示等强大的学习功能；三是录音格式可以选择 ACT 和 WAV 两种，并且支持电话本存储功能。而基于 ATJ2085 芯片的彩屏 MP3 还可以播放视频，格式多数为 MTV，菜单结构为典型的旋转轮盘式，非常容易辨认。

2. ATJ2085 主芯片的特点

　　ATJ2085 主芯片的特点有：支持 MPEG–1/2/2.5 声频第 1～3 层解码器；支持 WMA 解码器；带有存储器和 24 位 DSP 内核；带有 DSU（调试支持单元）的集成 8 位 MCU（微处理器）；带有容量高达 2×64 MB/128 MB/256 MB/512 MB/1 GB/2 GB 的与非 FLASH（闪烁存储器，简称为闪存），由 MCU 或 DMA（直接存储器访问）存取；内建 DMA（直接内存存取）、CTC（计算器 / 定时器控制器）和中断控制器用于 MCU 中；支持 USB2.0，写速度最大为 955 KB/s，读速度最大为 1 033 KB/s；支持 FM 收音机输入和 32 级音量控制；耳机驱动器输出为 2×11 mW，16 Ω。

3. 珠海炬力 MP3 整机的原理框图

　　珠海炬力 MP3 播放器具有支持多音频格式文件播放、录音和 FM 收音机等多种功能。图 7–3–2 所示为其原理框图，其主要由 ATJ2085 主芯片、FLASH 闪存模块电路、按键电路、液晶显示模块电路、背光灯电路、麦克风模块电路、耳机模块电路、FM 收音机模块电路和电源模块电路组成。该 MP3 播放器以 ATJ2085 作为核心模块，ATJ2085 芯片主要实现 MP3

解码和控制功能。FLASH 闪存模块电路主要用来存储内部程序和音频数据。按键电路实现相应功能的控制，如开/关机、播放、暂停、上一曲、下一曲等。液晶显示模块电路实现MP3 相应曲目的显示以及相应功能的设置显示等。背光灯电路提供给液晶显示模块所需的光源。麦克风模块电路实现将声音转换为电信号的功能。耳机模块电路可以将 MP3 主芯片解码后产生的音频信号传输给耳机发声。FM 收音机模块电路在 MP3 主芯片的控制下实现调频收音机功能。电源模块电路主要用来给 MP3 各模块电路供电。

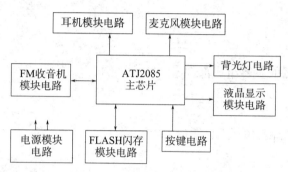

图 7-3-2 珠海炬力 MP3 播放器原理框图

三、MP3 播放器的常见故障及检修方法

MP3 播放器的常见故障及检修方法见表 7-3-1。

表 7-3-1　　　　　　　　　　MP3 播放器的常见故障及检修方法

故障现象	故障原因	检修方法
MP3 不能开启	当 MP3 不能开启时，通常是由于用户的各类误操作使 MP3 内部的固件损坏造成的	对 MP3 重新进行格式化并写入固件即可：将电池拿下，按住播放键不放，连上计算机，运行驱动程序，然后进行格式化及固件升级
MP3 能录音，但不能放音	此故障说明前端录音系统是正常的，主要是放音系统有故障，其原因有： （1）音频数模转换电路故障 （2）耳机放大器信号流入处开路 （3）耳机插头接触不良，经多次插拔即可发现故障	（1）音频数模转换电路故障时，应检查所对应的 IC 及外围电路 （2）耳机放大器信号流入处开路时，应检查虚焊盘及开路元件 （3）耳机插头故障时，应检查焊点是否虚焊。若焊点虚焊，应重新焊接
MP3 按键失灵	造成此故障的原因有： （1）按键接触不良或虚焊 （2）导向二极管的方向焊反或虚焊 （3）按键板上的走线有断裂 （4）MCU 的 I/O 口引脚虚焊	（1）按键接触不良或虚焊时，应重新安装和焊接 （2）重新安装导向二极管 （3）按键板上的走线有断裂时，应重新补铜皮 （4）重新焊接 MCU 的 I/O 口引脚
MP3 显示正常，但左、右声道均无声音	可能原因有： （1）MP3 设置静音 （2）音频数模转换电路故障 （3）MP3 主芯片及外围电路损坏	（1）MP3 设置静音时，按一下静音键使静音关闭 （2）音频数模转换电路故障时，用示波器测量音频数模转换电路的波形。若无波形，说明音频数模转换电路故障，需进行更换 （3）在播放状态测量主芯片有无音频数字信号输出，若无输出，说明 MP3 主芯片及外围电路故障，此时需更换相应的元件

实训 3　MP3 播放器的拆解

实训目的

1. 熟悉 MP3 播放器的结构组成。
2. 能进行 MP3 播放器的拆解。

实训内容

1. 拆解 MP3 播放器。
2. 认识 MP3 播放器的主要组成部件。

实训设备与工具

MP3 播放器、十字旋具等。

实训步骤

1. 用十字旋具将主机（图 7-3-3）四个角的螺钉拧开。
2. 打开前盖，取下面板，然后拆下两侧的挡板和背板，即可看到完整的拆解实物图，如图 7-3-4 所示。

图 7-3-3　主机

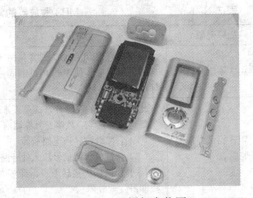

图 7-3-4　拆解实物图

3. 观察主机的组成结构。

主机的内部结构如图 7-3-5 所示，可以看到主机由两块电路板组成，主电路板正面由 LCD 液晶显示屏、五维导航键和 FLASH 闪存组成（图 7-3-6），反面由 USB 接口、MP3 解码主芯片、音频输出接口及录音头组成（图 7-3-7）。

图 7-3-8 所示为 FM 调频模块。可以看到，上面有一块集成电路（调频收音机模块芯片），该集成电路对 FM 调频效果有很大的影响，图示的 MP3 播放器采用的芯片型号为飞利浦 TEA5767。另外一个对 FM 调频效果影响较大的是收音电路晶振，与主电路一样有贴片晶振和桶状晶振之分，图示的 MP3 播放器采用的是贴片晶振。

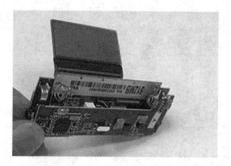

图 7-3-5　主机的内部结构

图 7-3-6　主电路板正面

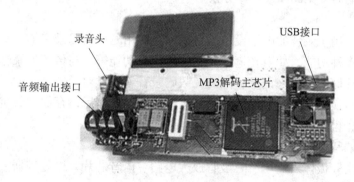

图 7-3-7　主电路板反面

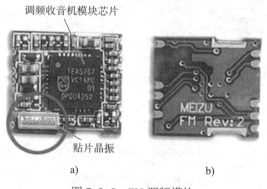

a)　　　　　　　　　b)

图 7-3-8　FM 调频模块

a）正面　b）反面

辅电路板反面（图 7-3-9）是一些按键和 USB 接口、音频输出接口和录音接口。

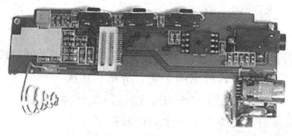

图 7-3-9　辅电路板

§7-4　录音笔

学习目标

1. 熟悉录音笔的基本组成。
2. 掌握录音笔的工作原理。
3. 熟悉录音笔的使用方法。
4. 熟悉录音笔的常见故障及检修方法。

录音笔是一种用于录音的电子设备，目前广泛使用的是数码录音笔，其造型简单，携带方便，同时具有多种功能，如激光笔功能、MP3 播放功能等。与传统的录音机相比，数码录音笔是通过数字存储的方式来记录音频的。数码录音笔通过对模拟信号的采样、编码，将模拟信号通过模数转换器转换为数字信号，并进行一定的压缩后再存储。数字信号即使经过多次复制，声音信息也不会损失，而是保持原样。

一、录音笔的基本组成

录音笔主要由驻极体麦克风、三极管放大电路、语音芯片、微处理器、中断键盘、功率放大电路和扬声器组成，其组成框图如图 7-4-1 所示。

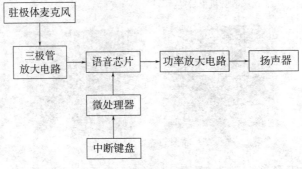

图 7-4-1　录音笔的组成框图

1. 驻极体麦克风

驻极体麦克风的作用是将语音信号转换为模拟电信号。

2. 三极管放大电路

三极管放大电路的作用是将微弱的电信号进行放大。

3. 语音芯片

语音芯片又称为语音 IC、声音芯片。其作用是进行模数转换和数模转换，这两个过程都是由语音芯片完成的，包括语音数据的采集、分析、压缩、存储等。它能够将语音信号通过采样转化为数字，并存储在 IC 的 ROM 中，通过数模转换电路将 ROM 中的数字还原成语音信号。语音芯片的放音功能实质上是一个数模转换过程。

4. 微处理器

微处理器是一种集成电路芯片，是采用超大规模集成电路技术把具有数据处理能力的中央处理器 CPU、随机存储器 RAM、只读存储器 ROM、多种 I/O 口和中断系统、定时器 / 计时器等功能（可能还包括显示驱动电路、脉宽调制电路、模拟多路转换器、模数转换器等电路）集成到一块芯片上，构成的一个小而完善的计算机系统，其主要作用是实现对输入信号的处理，并对语音芯片进行控制。

5. 功率放大电路

功率放大电路的作用是对音频信号进行功率放大。

6. 扬声器

扬声器的作用是将模拟音频电信号还原为声音。

7. 中断键盘

中断键盘的作用是通过人手指按下或松开按键，使得键盘控制端产生高电平、低电平或高、低脉冲信号，这些信号送到微处理器后可以实现录音笔的录音、放音等控制功能。

二、录音笔的工作原理

由于市场上使用的录音笔品种繁多，且电路各异，本节主要以 ISD1420 为例讲解录音笔的基本原理。

1. ISD1420 语音芯片简介

ISD1420 语音芯片为美国 ISD 公司出品的优质单片语音录放电路，由振荡器、语音存储单元、前置放大器、自动增益控制电路、抗干扰滤波器、输出放大器组成。一个最小的录放系统仅由一个麦克风、一个扬声器、两个按钮、一个电源、少数电阻和电容组成。

2. ISD1420 的典型应用电路

ISD1420 的典型应用电路如图 7-4-2 所示。

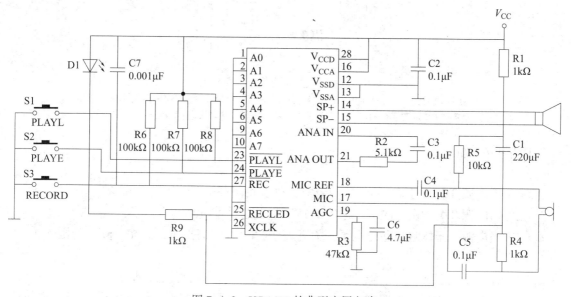

图 7-4-2　ISD1420 的典型应用电路

ISD1420 集成度较高，内部包括前置放大器、内部时钟、定时器、采样时钟、滤波器、自动增益控制、逻辑控制、模拟收发器、解码器和 480 KB 的 EEPROM 等。内部 EEPROM 存储单元均匀分为 600 行，具有 600 个地址单元，每个地址单元指向其中一行，各个地址单元的地址分辨率为 100 ms。ISD1420 控制电平与 TTL 电平兼容，接口简单，使用方便。

录音时按下录音键 S3，使录音触发端 $\overline{REC}$ 为低电平，此时启动录音；结束时松开 S3 按键，此时录音触发端 $\overline{REC}$ 回到高电平，即完成一段语音的录制。同样地，按下放音模式键 S1，使电平触发放音控制端 $\overline{PLAYL}$ 为低电平，启动放音功能；结束时，松开 S1 按键，即完成一段语音的播放。S2 按键为自动播放录音模式，按下放音模式键 S2 后松开，使边沿触发放音控制端 $\overline{PLAYE}$ 为低电平，此时启动自动播放录音功能，这一功能一直持续到录音数据存储空间末尾时结束。

三、录音笔的使用方法

由于录音笔的种类较多，这里主要以纽曼录音笔的使用为例进行讲解。

纽曼录音笔按键面板图如图 7-4-3 所示。

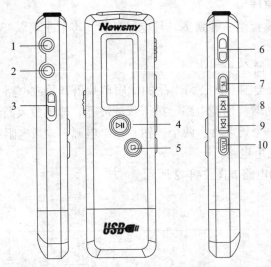

图 7-4-3 纽曼录音笔按键面板图

1—LINE-IN 插孔 2—耳机插孔 3—电源开关 4—播放 / 暂停键 5—停止键 6—录音键
7—菜单键 / 锁定键 8—上一曲 / 快退 / 音量减 9—下一曲 / 快进 / 音量加 10—音量键

1. 开机 / 关机

开机：

（1）当电源开关键处于"OFF"位置时，则本机断开电源，不能开机。

（2）当电源开关键由"OFF"拨至"ON"位置后，本机自动开机。

（3）当电源处于休眠状态（电源开关键处于"ON"状态）下，长按"▶Ⅱ"键则开机。

关机：

（1）在开机状态下，将电源开关键拨至"OFF"位置，则直接关机。

（2）在开机状态下，长按"▶Ⅱ"键则关机，再将电源开关键拨至"OFF"位置（建议使用此方法）。

2. 录音

（1）开始录音

待机状态下，将录音键由"停止"位置拨至"录音"位置后，本机进入录音状态，并开始录音。

（2）暂停录音

在录音状态下，短按"▶Ⅰ"键暂停录音，此时显示闪动的转盘。在暂停状态下，再次短按"▶Ⅰ"键则恢复录音，此时显示转盘。

（3）锁定录音

为了避免在录音过程中误操作，在录音状态下，长按"菜单"键就锁定按键，显示屏出现"⌒"符号，此时除录音开关外其他按键均不起作用，再次长按"菜单"键即可解锁。在锁定状态下，录音开关可以正常工作。

注意，只有在录音状态中长按"菜单"键才有锁定按键功能。

（4）保存录音

在录音状态下，将录音键拨至"停止"位置，录音停止并保存录音。保存录音后自动切换到当前录音文件的模式。

注意，在拨动录音键后的操作过程中，若屏幕显示"----"时，应等待本机处理完再进行其他功能的操作。

3. 播放录音

（1）播放文件

短按"菜单"键选择语音模式，进入语音文件播放界面。在停止或暂停播放状态下，按"▶Ⅰ"键播放当前录音文件。

（2）暂停播放

在文件播放状态下，短按"▶Ⅰ"键暂停播放。

（3）停止播放

在播放状态下，按"■"键退出播放。

注意，在播放暂停或停止状态下，如果 3 min 内没有任何操作，系统将自动关机。

（4）音量调节

先短按"VOL"键，再短按"▶▶"键或"◀◀"键调节音量的大小，再次短按"VOL"键退出音量调节模式。

（5）切换文件

短按"▶▶"键或"◀◀"键选择文件。

（6）复读模式

1）设置 A–B 复读。在文件播放状态下，短按"菜单"键一次，设置复读起点 A，此时屏幕显示 A，且 B 在闪动，再次短按"菜单"键，设置复读终点 B，此时屏幕显示 A–B，实现 A、B 两点之间的复读。

2）取消 A–B 复读，主要有以下三种方式：

①短按"▶Ⅰ"键，将之前设置的 A–B 复读取消，并暂停播放。

②短按"■"键，将之前设置的 A–B 复读取消，并停止播放。

③按"菜单"键，将之前设置的 *A–B* 复读取消，并返回正常播放状态。

（7）循环模式

在文件播放状态下，连续长按"菜单"键，有单曲循环、目录播放、目录循环三种循环模式可选。

（8）删除文件

在文件停止播放状态下，长按"菜单"键进入删除模式。

1）删除单个文件。在删除模式下，屏幕显示"DELETE"及"ONE"标志并闪烁以待确认，短按"▶Ⅱ"键确认删除当前文件。若按其他键或 8 s 内无操作，将放弃删除文件，并返回停止播放状态。

2）删除所有文件。在删除模式下，屏幕显示"DELETE"及"ONE"标志并闪烁，再次短按"菜单"键屏幕显示"ALL"并闪烁，短按"▶Ⅱ"键确认删除当前文件夹中的所有文件。若按其他键或 8 s 内无操作，将放弃删除文件，并返回停止播放状态。

4. 通信操作

（1）连接计算机进行通信

1）用 USB 数据线连接计算机与本机，这时本机屏幕中将显示 USB 的连接状态。

2）如果是初次使用本机，Windows 将显示"发现新硬件"。

3）在"我的电脑"中将会出现新磁盘的盘符。

（2）中断与计算机的连接

把本机从计算机的 USB 端口拔下前，应确认本机与计算机的通信操作已停止。必须正常卸载 USB 设备，否则可能会损坏设备或丢失数据。

注意，在资料上传、下载过程中，不要拔下本机，否则有可能破坏软件，文件传输完毕后，务必要先安全弹出本机，再将其拔下。

四、录音笔的常见故障及检修方法

录音笔的常见故障及检修方法见表 7–4–1。

表 7–4–1   录音笔的常见故障及检修方法

故障现象	故障原因	检修方法
录音笔充不进电	（1）充电器损坏 （2）充电线故障 （3）录音笔 USB 接口接触不良	（1）更换充电器 （2）更换充电线 （3）重新焊接 USB 接口
录音笔不录音或录了一会儿就不录了，自动停止	（1）内存已满 （2）录音笔的电量低于智能识别的正常工作电量 （3）声控开关没有打开	（1）清理内存空间 （2）对录音笔进行充电后再使用 （3）打开声控开关。录音笔是在有声音时才开始录，没有声音或声音过小时就暂停录音
录音无法播放或播放时无声音	（1）播放文件损坏 （2）音量过小 （3）扬声器损坏	（1）重新录制播放文件 （2）将音量调大 （3）更换扬声器

实训 4 录音笔的拆解

实训目的

1. 熟悉录音笔的结构组成。
2. 能进行录音笔的拆解。

实训内容

1. 拆解录音笔。
2. 认识录音笔电路的主要组成部件。

实训设备与工具

录音笔、十字旋具等。

实训步骤

1. 拿到录音笔后，找到螺钉处，然后用十字旋具将其拧开。
2. 打开录音笔前后盖板，将电路板卸下。
3. 找到录音笔的 USB 接口，查看 USB 接口的四只引脚（VCC、GND、D+、D–）。
4. 找到录音笔的主芯片，查看其型号，了解主芯片的功能。
5. 找到录音笔的存储芯片，查看其型号，了解存储芯片的容量大小。
6. 找到录音笔的录音头和音频输出接口。
7. 找到录音笔的电池，查看电池的电压和容量大小。
8. 按照录音笔的拆解步骤组装好录音笔。

思考与练习

1. 什么是激光 CD 机？什么是 DVD 机？两者有何异同？
2. 激光 CD 机有哪四大伺服系统？各自的作用是什么？
3. 聚焦误差信号是如何产生的？如何控制激光头运动？
4. 循迹误差信号是如何产生的？它控制激光头做怎样的移动？
5. MP3 的存储原理是什么？它与传统的磁带（盘）存储有什么本质的不同？
6. 数码录音笔与传统的录音机有何不同？

第八章　典型音响系统

§8-1　汽车音响系统

学习目标

1. 掌握汽车音响系统的基本组成和技术特点。
2. 了解汽车音响系统的安装与调试方法。
3. 掌握汽车音响系统的故障特点。
4. 能进行汽车音响系统的检修。

一、汽车音响系统的基本组成

汽车音响系统主要由信号源、音频处理器、功率放大器、扬声器、显示器、视频多媒体系统和电源及供电电路等组成，如图8-1-1所示。汽车音响主要部件在车上的位置如图8-1-2所示。

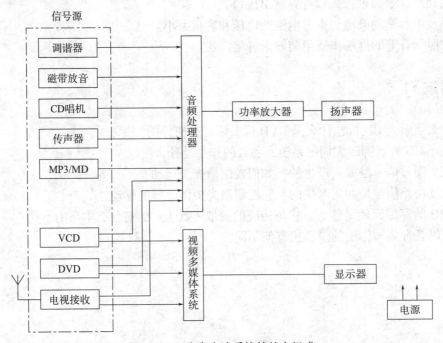

图 8-1-1　汽车音响系统的基本组成

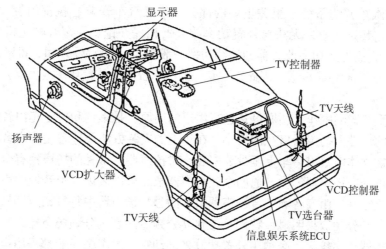

图 8-1-2　汽车音响主要部件在车上的位置

1. 信号源

信号源主要由无线电调频装置、收音机和录音再生机（包括卡带机、CD 唱机、VCD 机、DVD 机）等组成。随着科技的发展，又出现了 MD 机、MS 播放器、硬盘机等。同时，汽车音响主机已发展成了多功能的播放、接收、显示机，有功能三合一、四合一、五合一等类型。现阶段新车的音响主机一般是"CD 唱机 + 收音机"，有少数还是"卡带机 + 收音机"，也有极少数高档车是 DVD 机。绝大部分原车音响主机不带 RCA 输出，因而不便于通过加装功率放大器来增大功率，而改装用音响主机全部都有 RCA 输出，有的还有三组输出。

2. 音频处理器

音频处理器主要是对音频信号进行处理，主要包括均衡器、分频器和等化器。

（1）均衡器

均衡器是对信号频率响应及振幅进行调整的电声处理设备。由于汽车内部空间狭小且不规则、各种内饰材料和面板对声音的吸收和反射不相同等原因，汽车音响系统再现的声音频谱是非常不均匀的，且频谱曲线不够平滑，这就需要均衡器来弥补音响的不足。均衡器可以改变声音与谐波的成分比、频率响应特性曲线、频带宽度等，在汽车音响中它更对美化声音起到重要的作用。

（2）分频器

分频器是为了使声音得到最好的再现，将特定音频输入到扬声器的一种设备。对于使用分离扬声器的汽车音响系统，最好使用分频器，它不仅能够提高音质，而且能够使高音扬声器得到保护。

（3）等化器

等化器的作用是修整频率响应不平整的地方。因为车内环境不同，扬声器发声所得到的响应也不同，所以需要修整。等化器一般可以分为 5 波段、7 波段、15 波段、30 波段等类型。

3. 功率放大器

功率放大器的作用是将经过前级放大器的音频信号进行功率放大，用来驱动扬声器。信号放大是整个汽车音响系统中至关重要的部分。虽然汽车音响主机都内置了功率放大器，但因功率微小，其音质效果无法与外置功率放大器相提并论。原车音响主机的持续功率为 20 ~ 30 W/ 声道，而外置功率放大器的持续功率一般为 30 ~ 100 W/ 声道，推动超重低音的持续功率可达 100 ~ 1 000 W/ 声道。因此，一套好的汽车音响，外置功率放大器是必不可少的。

4. 扬声器

扬声器在汽车音响中作为还原设备进行声道的还原，是影响和决定车内音响性能和音质效果至关重要的部件。扬声器口径的大小、在车上的安装方法及位置是决定音响效果的重要因素。为了欣赏立体声效果，车上至少要安装一对扬声器。常见的扬声器有全频、高音、中音、低音、超重低音扬声器等。普通的全频扬声器虽然可以表现各个音域的声音，但每个音域的表现都不是很好；由高音和中音扬声器组成的分频扬声器中每只扬声器只表现某一个频段范围的声音，其分频效果明显，特别是带独立分频器的套装分频扬声器，其效果就更加优良，但这种扬声器功率较大，必须用外置功放来推动它。原车中一般都采用全频扬声器，部分中档的车型采用无独立分频器的分频扬声器。

5. 视频多媒体系统

视频多媒体系统是现代汽车普遍具有的功能，该系统包括视频播放、汽车导航、倒车影像、蓝牙电话、移动上网及手机互联等。

6. 电源及供电电路

（1）汽车音响的电源

一般汽车音响采用 12 V 蓄电池供电，由于蓄电池的充电状态、用电负荷及发动机工况不同，蓄电池电压可能会在 9 ~ 15 V 范围内变化，因此，汽车音响内部设有稳压电路为音响设备供电。目前，在有些高档汽车中使用大电流和高效率的开关电源给汽车音响供电。

（2）汽车音响的供电电路

普通汽车音响的供电电路只有一根供电线，若要求汽车音响不受点火开关控制，可以将其接在蓄电池的正极；若需用点火开关控制汽车音响工作，可将其接在汽车的附件供电线上。

二、汽车音响系统的技术特点

汽车音响系统的技术主要有安装尺寸和安装技术、音响本身的避振技术、音质处理技术、抗干扰技术及主动降噪技术。

1. 安装尺寸和安装技术

轿车上的音响绝大多数安装在仪表板或副仪表板的位置上，而这些仪表板内的空间比较狭窄，汽车音响主机的体积必然要受到限制，因此，国际上就出现了一个通用的安装孔标准尺寸，称为 DIN（德国工业标准）尺寸。标准的 DIN 尺寸为 178 mm × 50 mm × 153 mm（长 × 宽 × 深）。有些比较高级的汽车音响主机带有多碟 CD 音响等装置，其安装孔尺寸为 178 mm × 100 mm × 153 mm，又称为 2 倍 DIN 尺寸，多见于日本机。而有个别品牌的轿车，其音响主机属于非标准尺寸，只能指定安装某种型号的汽车音响，因此，购置汽车音响时，一定要注意汽车音响主机尺寸与仪表板上的安装孔尺寸是否适配。

除仪表板安装孔尺寸外，更重要的是整个音响系统的安装，尤其是扬声器和机件的安装技术。因为一辆轿车的音响优劣，不但与音响本身的质量有关，还与音响的安装技术有直接关系。

2. 音响本身的避振技术

汽车的振动比较大，而音响系统的安装技术要追求高稳定性和高可靠性，因此，需要采用相应的避振技术。目前，汽车音响主要采用以下几种方式实现避振：汽车磁带放音部分多采用横向放置方式，上下卡紧以保证稳定放音；采用优质陶瓷涂层的坡莫合金磁头，使音质与耐久性都有保障；CD 部分采用多级减振方法，要求线路板上的元器件焊接绝对可靠。

3. 音质处理技术

汽车音响的音质处理技术已朝着数码技术方向发展。高级汽车音响带有 DAT 数码音响、DSP（数码信号处理器）、MP3 技术等，形成了数字化、逻辑化、大功率的高保真立体声系统。汽车音响的音质优劣除了与主机的配置有关外，还与扬声器的质量有密切关系。有人认为，在一般的汽车音响中，扬声器至少应占总投资的一半以上。因为制造优质的扬声器需要复杂的技术，价格不菲，但其产生的高、低音效果往往是普通扬声器无法达到的，所以轿车音响的扬声器一般是比较讲究的，多路分频扬声器更是如此。

由于轿车车舱空间有限，汽车音响扬声器是不可能带大音箱的，这就需要因地制宜地利用仪表板、车门、后围隔板等部件与扬声器有机地结合起来，形成一种类似音箱的结构，以消除声波的相互叠加现象。此外，扬声器的安装位置也会影响汽车音响的音质，同一对扬声器安装在不同的位置，就会产生不同的效果，因此，中高档轿车音响扬声器的安装位置要经过多种测试后才能确定。

4. 抗干扰技术

汽车音响处在一个非常复杂的环境之中，它随时受到汽车发动机点火装置及各种用电设备的电磁干扰，尤其是车上所有的用电设备共用一个蓄电池，更容易通过电源线及其他线路对汽车音响产生干扰。汽车音响的抗干扰措施主要有：对电源线的干扰，采用在电源与音响之间串联扼流圈的形式进行滤波；对空间辐射的干扰，采用金属外壳密封屏蔽，并在音响中专门安装抗干扰集成电路的方法，用以降低外界的噪声干扰。

5. 主动降噪技术

在对汽车音响追求高音质的同时，人们对汽车音响的使用环境也提出了更高的要求。将主动降噪技术应用于汽车的环境中，可以减少汽车噪声，从而提高汽车音响的音质。该技术主要是在车舱内的特定区域安装麦克风，将接收到的噪声信号、发动机的转数信息输入车载功放，车载功放利用其内部的算法，使车载扬声器产生一个与二次谐波噪声反相的波形。由于波的干涉效应，两个反相波形的声波在空间中相遇时会相互抵消，从而使车舱内的二次谐波噪声水平大幅度降低。车内安装的麦克风能持续监测、测量动力系统传导到车舱内的噪声，实时调控扬声器发出的反相波的波形和幅度，从而让车舱内的乘客从一定程度上摆脱车辆运行时的噪声困扰。

三、汽车音响系统的安装与调试方法

1. 汽车音响系统的安装方法

汽车音响系统的安装主要涉及汽车音响主机、汽车功放和扬声器三个部分，在实际安装时通常按照先安装汽车音响主机，然后安装汽车功放，最后安装扬声器的步骤进行。图 8-1-3 所示为实际汽车音响系统设备分布图。

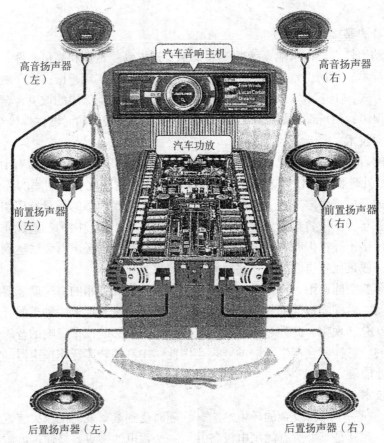

图 8-1-3　实际汽车音响系统设备分布图

2.汽车音响系统的调试方法

汽车音响系统的调试对于汽车音响产品作用的发挥至关重要，其主要通过调音使音响设备达到理想效果。

（1）检查线路。汽车音响系统安装完毕后应检查电源线、信号线和控制线是否连接正确，并查看是否有连接线裸露和破损等情况。

（2）初始化设置。首先将汽车音响主机的所有附加功能都恢复到出厂状态，然后将高、中、低音全部置于中间位置，左右平衡同样处理，最后将功放的音量全部设置在最低的位置，将滤波器设定设置在"OFF"状态。

（3）接通电源。将汽车车钥匙插入点火开关并旋至"ON"位置，汽车全部电源打开，此时可以用万用表测试音响系统电源是否供电正常（12 V）。

（4）将前声场的功放通道开关调到 HPF 位置，将前声场功放的 HPF 频点预调到 60～70 Hz 的位置，将前声场的音量调到最小。

（5）将超低音（SUB）功放的通道开关调至 LPF 位置，同时将 LPF 的频点预调到 60～70 Hz 的位置（通常将 LPF 的频点预调到比 HPF 的预调频点高出 5～10 Hz 的位置）。如果超低音功放有声波滤波功能，应将滤波器的频点调至最低频点处；如果超低音功放有相位调整功能，应将它预调至 0° 的位置。

（6）先将超低音功放的音量预调到最小，将 CD 机音量调至其最大值的 90%~95%，然后打开功放电源，逐渐调大前扬声器功放的音量到扬声器刚好出现失真，然后将前声场的功放音量稍微往回调小一点，即调到刚好不失真为止，这时 CD 机和前声场功放的电平配合适宜。

（7）先将 CD 机的音量调小（其目的是方便和适合听音），再将超低音功放的音量调大，直至感觉超低音能与前声场低音衔接流畅，并且声场的位置应在仪表台的正前方，如果感觉衔接不够流畅，应反复微调超低音功放的音量和 LPF 的频点（如果有相位调整功能，应配合调整），直至感觉衔接流畅为止。这时音响系统就基本调好了。如有某些细节不足，则重复上面的步骤，进行细致的微调，直至认为满意为止。

四、汽车音响系统的故障特点、检修方法和检修技能

1. 汽车音响系统的故障特点

在汽车音响系统中，各部分电路出现异常所表现出的故障现象一般都有其规律性，汽车音响在原理上虽然与一般的家用音响相同，但是在线路、结构、元器件的选用等方面，还是具有其自身的特点。汽车音响的工作环境较差（振动大、温度高、灰尘多），因而故障率较高。从大量的检修实例来看，故障发生的原因及部位均有相似之处，一般其故障现象主要表现为无声音、部分功能有声音、声音嘶哑等，故障部位通常位于机芯系统、功率放大器、收音机电路等。

2. 汽车音响系统的检修方法

汽车音响系统的检修方法与电子设备的检修方法类似，主要有以下几种：

（1）询问法：询问用户汽车音响的使用情况、故障现象等，并认真分析。

（2）直观检查法：利用人的感觉器官，如眼（看）、耳（听）、鼻（闻）、手（拨和摸）等，对汽车音响进行外观检查。

（3）具体位置定位法：确定收音机电路和功放电路的具体位置。

（4）清洁检查法：用打气筒吹尽机内各部位的灰尘（或用小毛刷清扫），用无水酒精将机内有污垢处清洗干净，用白炽灯泡烘烤干燥。

（5）顺线跟踪查找法：能够分辨出各线路的具体作用后，从不同故障线路位置跟踪查找故障点。

（6）信号注入（干扰）法：用信号发生器输出信号，按照电路由后级到前级的顺序，将低频、中频和高频信号注入相应的测试点，观察扬声器的发声情况，以判断故障部位。

（7）直流电压检查法：利用万用表测量集成电路各引脚对搭铁的直流电压，并与标称电压进行对照。

3. 汽车音响系统的检修技能

汽车音响系统的检修技能主要体现在具体的故障检修中，下面通过对几种典型故障的检修进行介绍。

（1）主机不工作

步骤一：初步检查

检查车上熔断器盒内汽车音响的熔丝。若确定熔丝烧断，则更换熔丝。

步骤二：拆卸音响主机

1）观察音响主机的安装结构，做好拆卸准备工作。

2）按照拆卸步骤开始拆卸音响主机。注意不可以用螺钉旋具进行拆卸，因为螺钉旋具的刃口比较锋利，容易割破革制皮面、撬断塑料装饰框。

3）将拆卸下来的音响主机与外线插头拔下，打开车内电子点火钥匙开关，测量留在车上一端插头的电压，并刻在音响主机电源引脚位置上，供后续测试用。

步骤三：直观检查主机电路

1）检查主板电源电路。若发现主板电源电路上存在明显烧黑、烧裂、爆裂的元器件，应及时更换。

2）在线检查电路板上的元器件。若发现有元器件引脚虚焊、脱焊，连接插件松动，应对虚焊、脱焊引脚加锡固定，并插紧连接插件。

3）检查印制铜箔线电路。若发现印制电路有腐蚀、氧化断点，应对其进行清洗，并加锡焊牢，连接好断点。若发现电源电路板有烧断、起翘现象，可用万用表 $R \times 10$ 挡测量烧断电路的阻值。若为 $0\ \Omega$，说明烧断电路存在击穿短路的元器件，沿烧断电路往下查，检查沿线贴片二极管、贴片三极管和集成电路等。

步骤四：检测电源电路的贴片元件

1）在线测量电源电路的贴片二极管，测量其正、反向电阻。若发现贴片二极管有击穿、烧断，应更换。

2）在线测量电源电路的贴片三极管，测量贴片三极管基极与集电极、发射极之间的正反向电阻。若发现贴片三极管有击穿、烧断，应更换。注意不要随意从电路上拆焊贴片三极管（贴片三极管的引脚较短，易折断）。当怀疑被测管有异常时，可以在电路中查找相同型号的管对照测量一下，必要时，再将被测管从电路中拆下加以确认。

步骤五：检测微处理器外围电路

1）检测贴片电容，对变值、失效的电容进行更换。

2）检查振荡电路，主要检查振荡晶体。

3）检查贴片二极管、贴片三极管。

步骤六：测量电源启动电路电压

1）测量电源 12 V 电压，检查外线双电源是否同时进入机内。若有异常，须接好外线电源。

2）测量前面板与主板电路连接插件电压。若插件无 3 V 电源启动电压，则往主板电源方向检查，检查二极管和三极管是否损坏。若插件 3 V 电源启动电压正常，则往微处理器方向检查，确认微处理器启动引脚的位置，测量 3 V 电源启动电压是否正常。若 3 V 电源启动电压正常，则故障在微处理器内部。否则，系电路中有开路故障，应仔细检查。

检修特别提示：

1）不要随意拆焊电路板上的元器件，注意保持电路板整洁。

2）不要调整在线可调元器件。

3）绘制主要电路走向图，主要绘制电源电路图和电源启动电路图，供遇到相同型号汽车音响维修时参考，同时做好维修记录，以便于查阅。

4）收集改装车闲置的音响，以及无法修复并报废的音响，用于拆件或收藏。

5）对于报修的汽车音响，当观察电路无异常时，不要随意改动原电路，并注意保持电路板整洁。此外，应尽快与汽车销售商联系，描述音响当前出现的故障现象，获取原电路设计相关的资料，以用于音响的检修。

（2）整机无声

步骤一：直观检查

1）若功放块表面严重烧裂，则更换功放块。

2）若功放块引脚脱焊，则将引脚加锡焊牢。

3）若功放电路元器件的引脚虚焊，则加锡焊牢。

4）若功放电路的印制铜箔线腐蚀、有氧化锈斑，须除掉氧化物，重新连接腐蚀断点。

步骤二：测量功放块电路的电压

1）若电源引脚的12 V电压正常，其他引脚无电压，则检查功放推动电路。沿等待电路往中央处理器方向检查，这条电路直通微处理器，并在汽车音响工作时输出3 V电压推动功放电路启动。经测量，若微处理器无3 V电压输出，则故障在微处理器内部电路，系局部电路损坏；若微处理器3 V电压输出正常，则故障在两引脚之间的连线，系电路开路。

2）若各引脚电压正常，则检查信号电路，沿功放块引脚输入端信号电路往主板方向检查，检查沿线的贴片二极管和印制铜箔线电路是否有异常。这种故障主要是电路贴片二极管击穿或烧断，使信号被阻断。另外，印制铜箔线电路出现腐蚀、氧化现象，电路被腐蚀断开，同样会阻断信号传送，且腐蚀现象比较常见。

步骤三：检查音频前级集成电路

1）检查音频前级集成电路周边的元器件。若发现有元器件引脚虚焊，应焊好虚焊点。

2）检查音频前级集成电路信号输入端与信号输出端电路。若发现印制电路腐蚀，应清理腐蚀电路，并重新焊好断点。

3）检查音频前级集成电路信号输出静噪电路。若发现贴片三极管开路，则更换损坏的贴片三极管。

4）测量音频前级集成电路在线电压。若输入端电压正常、输出端无电压，则更换该集成电路。注意音频前级集成电路不易损坏，不可随意更换。

步骤四：检查二次放大电路

1）若发现功率管严重烧裂，则更换功率管。

2）若发现个别元器件严重烧黑、烧裂、爆裂，则更换损坏的元器件。

3）若发现个别元器件引脚虚焊、脱焊，连接导线折断，插件脱落，应及时将虚焊点焊好，恢复折断的导线，插紧连接插件。

4）若发现推动二次放大电路启动用导线线径较细，应更换粗线。

检查功放电路损坏的应急维修：

1）将损坏的功放块从汽车音响主机上拆下，将输入端的信号线直接接在二次放大电路信号输入端，利用二次放大电路直接发声。

2）将二次放大电路从车上拆下，将汽车音响主机功放信号输出端的信号线接到扬声器上。

3）自行组装功放电路，并接在汽车音响主机损坏的功放块电路上。只要连接无误，音响即可恢复正常。待有相同型号的功放块时，恢复原功放电路即可。

（3）收音机不工作

步骤一：直观检查

1）检查收音机电路插件是否松动，有无元器件引脚脱焊、虚焊。若有此类现象，应插紧插件，焊接脱焊、虚焊引脚。

2）检查印制电路有无锈蚀铜斑及氧化产生的白色粉末。若有此类现象，应及时清理，并焊接好腐蚀生锈的电路。

步骤二：测量收音机电路电压

1）选择万用表 DC 10 V 电压挡，测量收音机电路的电压。若各被测点无电压，则检查收音机的电源。

2）选择万用表 DC 10 V 电压挡，测量屏蔽盒与收音机连接焊点的电压。若各点均无电压，则检查收音机的电源。

3）检查主板微处理器外围元器件，主要针对在线贴片二极管、贴片三极管进行检查。

步骤三：检查收音机信号电路

1）检查收音机电路中的微处理器。

2）检查天线。若天线插头脱落，须插紧；若天线内线折断，则连接好断点；若天线内线与屏蔽网接触形成短路，则须剥开短路点，对短路点做绝缘处理；若拉杆天线折断，则更换拉杆天线。

§8-2 AC-3 家庭影院系统

学习目标

1. 掌握 AC-3 家庭影院系统的基本组成和原理。
2. 了解 AC-3 家庭影院系统的配置和安装方法。
3. 熟悉 AC-3 家庭影院系统的故障特点。
4. 能进行 AC-3 家庭影院系统的检修。

家庭影院系统的作用是使用多个音轨创造出环绕音效，使欣赏者仿佛置身于音乐会现场。通常一套完整的家庭影院系统由电视机、功放机、主音箱、中置音箱、环绕音箱和有源重低音音箱构成，如图 8-2-1 所示。根据功放机解码格式不同，家庭影院系统可以分为 AC-3 家庭影院系统、DTS 家庭影院系统等。

一、AC-3 家庭影院系统的基本组成和原理

AC-3 家庭影院系统的基本组成与一般家庭影院系统相同，之所以称为 AC-3 家庭影院系统，是因为其功放机解码格式为 AC-3，AC-3 是 Dolby 实验室所开发的有损音频编码格式，其最早被广泛应用于 5.1 声道，即使用 5 个扬声器和 1 个超低音扬声器来提高音效的一种音乐播放方式。

图 8-2-1　家庭影院系统

AC-3 多通道自适应变换编码根据心理声学模型将多个声道编码成一个声道，并保持较低的码率，在同等质量和码率下其音频质量要比同样数量的多通道声音单独编码的质量要好。AC-3 编码输出的码率范围为 32～640 kbit/s，而采用 5.1 标准模式时，根据实际应用情况统计，320～384 kbit/s 的码率就可以获得一个高压缩比、高保真的音频效果。同时，AC-3 数据流中可以携带多种元数据，可以实现音频动态范围压缩、对白标准化、节目间电平匹配等功能。下面详细介绍 AC-3 编码器和解码器的主要功能模块和信号流程。

1. AC-3 编码器的组成及原理

AC-3 编码器的工作流程如图 8-2-2 所示，其主要包括输入缓冲器、3 Hz 高通滤波窗格化、瞬态检测、TDAC（time domain alias cancellation）滤波、浮点变换、高频载波包络分离、全局比特分配、量化和数据打包九部分。

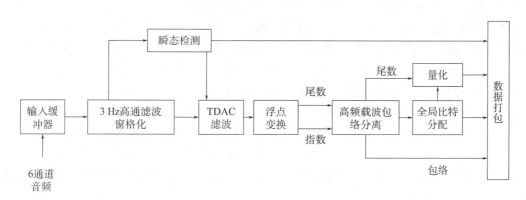

图 8-2-2　AC-3 编码器的工作流程

各部分的功能如下：

（1）输入缓冲器

AC-3 是分块编码器，因此，需要一个缓冲器来存储时域采样的比特流，一般每个块包含 512 个采样点，每个采样点的字长最多可达 24 bit。

（2）3 Hz 高通滤波窗格化

受到人耳听觉频率特征的影响，时域波形在进行处理之前需要经过滤波去除直流信号，5 个全频段信号经过一个 3 Hz 的高通滤波器进行滤波，1 个低音信号经过一个 120 Hz 的低通滤波器进行滤波。

（3）瞬态检测

为了避免瞬时信号出现在块的边缘，出现掩蔽效应，使声音信号被忽略，编码器使用一个高频带通滤波器来检测瞬时现象，检测到的信息将提供给 TDAC 滤波器组，用于调节相应块的大小。

（4）TDAC 滤波

每个通道的时域输入信号被单独划分成多个窗口，经 TDAC 滤波器组进行滤波，然后经快速傅里叶变换得到 TDAC 变换系数，最后编码器将 6 个声道的变换系数组成一个整体。解码器可以通过这些系数的反变换重构出时域信号，同时滤波器组使得相邻的块有 50% 的重叠来避免块边缘的不连续性。

（5）浮点变换

TDAC 变换系数被转换成浮点数，浮点数分为尾数和相应的指数，分别送入定点 DSP 处理芯片进行处理。采用浮点数表示系数，其动态范围更大，因此，AC-3 保留了声音信号 AD/DA 转换 18 ~ 22 bit 的高分辨率。

（6）高频载波包络分离

一般来说，多通道编码需要的平均比特率可以粗略地认为和通道数的平方根成比例，其有如下计算公式：

$$a = s \times \sqrt{c}$$

其中，a 表示平均比特率，s 表示相同情况下单通道编码输出的比特率，c 表示通道数。例如，单通道编码 s 需要 128 kbit/s，那么 5.1 声道则需要 $128 \times \sqrt{5.1}$ =289 kbit/s，这对于 AC-3 标准模式下使用的最小比特率 320 kbit/s 来说也是很充裕的。

对于要求较高的信号，AC-3 还可以通过高频载波包络分离技术来提高编码增益。这项技术是基于人类听觉系统高频部分的心理声学现象来删除高频局部冗余信息，因为在信号高频部分，人耳对声源的定位主要与高频段的包络相关，而不是声音信号的频谱本身。AC-3 正是利用这一特点，把高频子带信号分离成包络和载波两个分量。一般来说，对包络信息进行编码比对载波信息进行编码时采用的精度更高。如果需要，考虑到通道载波的相关性，还可以在多通道组合载波分量。这样做只对音频信号有较小的影响，因为定位信息被保留在包络数据中，而高频段载波的耦合性组合对听众的耳朵基本上都产生相同的听觉效果。被编码的载波信息增加到 TDAC 变换系数中的尾数和指数队列，而包络信息则作为耦合系数被单独传输。

（7）全局比特分配

统一的多通道编码的主要优势是可以使比特分配根据需要在各个通道之间灵活使用，以适应信号变换的要求。

AC-3 比特分配器根据 TDAC 变换系数内在的掩蔽效应和绝对听值门限，再结合定长的 TDAC 指数（指数长度固定，不参与量化），确定每一个尾数的量化精度，也就是需要量化的比特数。这个计算是在全局范畴内的，也就是把所有通道看作一个整体，共同使用一个单一的比特池，很少有确定的和预先指定分配的比特量。

（8）量化

比特分配计算的结果被用来量化 TDAC 尾数数据，简单地发送该值的 n 位有效位，这个值被换算和偏移到以零为中心、上下幅度相等、对称的量化级，再使用负向抖动来最小化失真。解码器解出尾数后进行补偿处理，以恢复实际的尾数值。

编码器可以选择在量化过程中抖动数据，在传输数据的工作模式位中指出是否抖动并提供同步信息，因此，解码器可以通过提取相同的抖动数据来重构尾数。

（9）数据打包

上面几步的处理将 6 个通道的时域信号的每个块转变成一系列队列和数值，这些队列和数值包括 TDAC 指数和量化的尾数、比特分配信息、耦合系数和抖动标志。在编码器最后一级，这些信息和同步信息、1 个包头以及可选的误差校正信息一起被打包成 1 个块。因为信息及包头彼此之间有一定的逻辑关系，所以解码器可以方便地解包。

2. AC-3 解码器的组成及原理

AC-3 解码器的工作流程如图 8-2-3 所示，其主要由输入缓冲器、误差检测、定点数据解包、全局比特分配、可变格式数据解包、高频载波包络插入、定点数转换、TDAC 逆变换、窗口化、去重叠十部分组成。

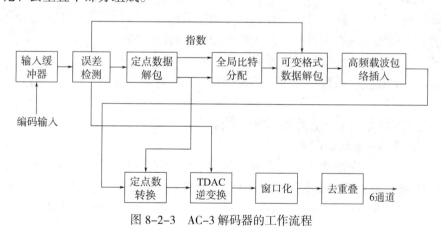

图 8-2-3　AC-3 解码器的工作流程

各部分的功能如下：

（1）输入缓冲器

AC-3 解码器和编码器类似，也是块结构，在处理之前先与输入数据流建立联系并保持同步，然后在输入缓冲器中采集整个数据包。

（2）误差检测

在进行误差检测时，不但要检测每个解码器的输入数据块内部的一致性，而且还要显示外部误差校正处理器的状态。如果误差校正处理器指出一个不可校正的错误，那么解码器将使用一个完好的包来代替当前的包，以达到在一定程度上隐藏错误的效果。由于信号重构过程中的重叠特性，解码器对这种错误隐藏形式相对来说有较好的效果，当然解码器由于误差扩散会导致一段静音。在电影胶片中还可以使用已经存在的模拟声轨代替受损的声音包。

（3）定点数据解包

定点数据包括固定位置数据和可变位置数据，固定位置数据包括指数、耦合系数和抖动标志，可以直接取出，这些数据的相关部分被用来恢复比特分配信息，然后用这些信息来解开可变位置数据，主要是 TDAC 变换的尾数。

（4）全局比特分配

除解码器使用编码器传输过来的中间结果以节省解码时间外，解码器的比特分配规则和编码器也是几乎一样的。可以选择在编码器不传输比特分配信息的情况下，由解码器根据比特分配规则在某一时刻计算出一个通道的比特分配后解码，以减少解码器的内存需要。

当然，为了使可变格式数据适时地被解出，解码器的比特分配必须和编码器的比特分配精确匹配，否则就会在输出端引起噪声。

（5）可变格式数据解包

解码器中的比特分配信息恢复后，就可以确定每一个尾数的量化大小，从被编码的比特流中解出可变数据。

（6）高频载波包络插入

高频系数在编码器中被分为载波信息和包络信息，高频载波包络插入将载波系数和耦合系数重构成高频系数。

（7）定点数转换

定点数转换为 TDAC 逆变换做准备，尾数和指数组合并重构成浮点 TDAC 变换系数。如果解码器增加了抖动处理，定点数转换还负责进行去抖动处理。

（8）TDAC 逆变换、窗口化和去重叠

各通道的 TDAC 变换系数经过 TDAC 逆变换、窗口化和去重叠处理，成为数字时域输出信号。

二、AC-3 家庭影院系统的配置和安装方法

1. AC-3 家庭影院系统的配置

配置一套 AC-3 家庭影院系统，需要电视机、DVD 机、AC-3 功放机、主音箱、中置音箱、环绕音箱和有源重低音音箱等设备。AC-3 家庭影院系统的品牌较多，较为常用的有先锋、雅马哈、先科等，这里以先锋品牌为例进行介绍，具体配置参照表 8-2-1。

表 8-2-1　　　　　　　　　　　AC-3 家庭影院系统配置表

序号	产品名称	规格型号	单位	数量
1	电视机	夏普	套	1
2	DVD 机	飞利浦	台	1
3	AC-3 功放机	先锋 VSX-920-K	台	1
4	主音箱	先锋 S-31-LR	台	2
5	中置音箱	先锋 S-31C	台	1
6	环绕音箱	先锋 S-31B	台	2
7	有源重低音音箱	先锋 S-51W	台	1

2. AC-3 家庭影院系统的安装方法

步骤一：先安装好电视机，然后确定音箱的位置

AC-3 家庭影院系统的音箱分为左、右主音箱，中置音箱，左、右环绕音箱，有源重低音音箱。左、右主音箱安装在电视机两侧（一侧 1 个）；中置音箱放在中间，可以在电视机下面；左、右环绕音箱放在听者斜后方左、右两侧（一侧 1 个）；有源重低音音箱可以放在电视机右侧，如图 8-2-4 所示。

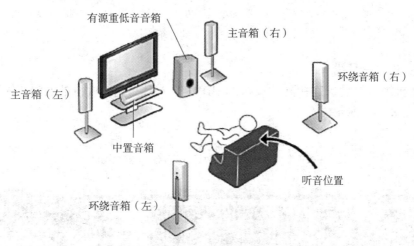

图 8-2-4 AC-3 家庭影院系统音箱的放置位置

步骤二：把音箱安装到位，然后连接音箱线材

左、中、右音箱和环绕音箱一般都采用卡线形式，少数是接线端子形式，连接时要分清线的正负（红正、黑负），把线卡紧；有源重低音音箱则用莲花头的信号线直接连到功放机上，如图 8-2-5 所示。

图 8-2-5 有源重低音音箱接口的连接

步骤三：往功放机上接线

功放机上有 5 个声道的功率输出，分别对应左、右主音箱，中置音箱，左、右环绕音箱，有源重低音输出对应有源重低音音箱，如图 8-2-6 所示。

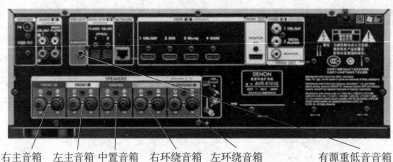

右主音箱　左主音箱　中置音箱　右环绕音箱　左环绕音箱　　　　　有源重低音音箱

图 8-2-6　功放机上的音箱连接口

步骤四：连接信号线

把 DVD 机等播放设备连接到功放机的 HDMI 输入口，把功放机的 HDMI 输出连接到电视机上，如图 8-2-7 所示。

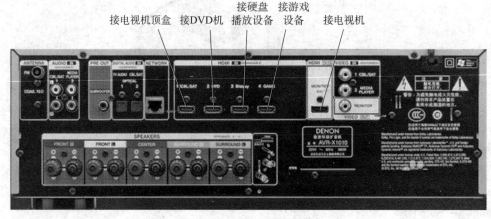

接电视机顶盒　接DVD机　接硬盘播放设备　接游戏设备　接电视机

图 8-2-7　功放机上的信号连接口

三、AC-3 家庭影院系统的故障特点和检修

1. AC-3 家庭影院系统的故障特点

AC-3 家庭影院系统在使用过程中出现的故障主要是图像和声音两个方面。其中较为常见的故障现象有无图像、音箱噪声大等。

2. AC-3 家庭影院系统的检修

AC-3 家庭影院系统的常用检修方法有直观检查法、信号注入法和替换检修法等，应根据实际情况进行选择。

（1）无声音故障的检修

音箱无声音时，首先检查信号源（电视节目信号源和其他视频信号源），看是否是信号源的连接有问题，如果信号源的连接正常，再检查音箱的连接情况，并核实其通道与极性是否连接正确。如果音箱连接无误，则查看音箱是否损坏。如果音箱损坏，则需更换。如果音箱正常，则需查看功放机是否损坏，如果功放机损坏，则需进行电路维修或更换功放机。

（2）音箱噪声大故障的检修

正常情况下，静态时将耳朵靠近音箱，一般都能听到轻微的"沙沙"声，而且"沙沙"声的大小有的还随音量、音调电位器的旋动而改变。这是功放固有的电噪声，播放节目时，这种噪声能完全被有用信号掩盖，是正常的噪声。当噪声随便就能听出来，甚至掩盖节目信号时，就属于故障了。维修时，一般先从听感上来分辨噪声的种类，再进行针对性的检修。常见的噪声有以下几种：

1）连续的"沙沙"声。它一般是由前级放大电路和声场处理电路中的晶体管、电阻等元器件产生的，或由于电路板上灰尘太多而漏电引起的。处理这类故障时，应先清理干净电路板上的灰尘，然后以音量电位器作为分界点：噪声能随音量关小而降低的，故障应在其前面的电路，反之则在其后面的电路。维修时，常用示波器逐级观察和查找。无测量仪器时，常采用信号短路法查找故障：将一个 0.47 μF 的电容器连接在关键点与地之间，从后级输入处向前级逐一将关键点的信号对地短路，当短路前一点无噪声、短路后一点有噪声时，说明故障就在两点之间。

2）间断的"噼啪"声。出现"噼啪"声一般是因为接触不良，如多位排线插座不良、元器件虚焊、铜箔断裂或两高电位差的焊点之间打火引起的。常用的解决方法是拔插、检查一遍各排线的插头，特别是有大电流流过的插头是否被氧化、松动，或在黑暗环境中用旋具的绝缘手柄敲击电路板，看是否有电火花出现，有电火花处就是故障所在。

3）交流"嗡嗡"声。交流声大多是由于电源滤波不良造成交流电信号窜入放大电路引起的，另外，也有由于维修时地线焊接不当，滤波电容的充、放电电流通过地线干扰前级电路而引起的。在功放机中，此类故障主要是滤波电容失效或某个整流三极管开路引起的。维修时，应重点检查上述元器件，一般都能很快查出故障原因。

§8-3　DTS 数字影院系统

学习目标

1. 掌握 DTS 数字影院系统的基本组成和原理。
2. 了解 DTS 数字影院系统的配置和安装方法。
3. 熟悉 DTS 数字影院系统的故障特点。
4. 能进行 DTS 数字影院系统的检修。

DTS 数字影院系统由电视机、功放机、主音箱、中置音箱、环绕音箱和有源重低音音箱构成，之所以称为 DTS 数字影院系统，是因为其功放机的解码格式为 DTS（digital theater systems，数字影院系统），是家庭环绕声技术中出现的一项全新技术。DTS 是一种采用压缩编码技术，将 6 路甚至更多路的数字声轨和电影与电视工程师学会（SMPTE）所规定的时间码进行同步，并直接录制在电影拷贝软件或其他软件上的音频信号数字压缩技术，它采用 CAC 相干声学编码和解码方式工作。

一、DTS 数字影院系统的基本组成和原理

1. DTS 编码器的组成及原理

DTS 编码器采用相干声学编码器，其主要由分析缓存器、多相滤波器、子带 - 自适应差分脉冲编码（SB-ADPCM）、客观及主观声学模型、比特指派程序和音频数据复用器组成，如图 8-3-1 所示。线性 PCM 音频数据经过分析缓存器，通过一个多相滤波器组将每个声道的全频带 24 bit 线性 PCM 源信号分割到一定数量的子带中去。它提供了一种框架，既可以消除频谱滚降较快的音频信号分量，又去除了感知上的冗余度。每一个子带信号都包含了相应的、严格限制带宽的线性 PCM 音频数据，子带的数量及相应的带宽是由源信号的带宽决定的，一般情况下分为 32 个独立的子带。在每个子带中进行差分编码（SB-ADPCM），可以去除信号中的客观冗余量。通过子带范围比特率的选择和上述分析的结果来调整对每个信号的差分编码程序的执行。将差分编码与心理声学模型相结合可以得到较高的编码效率，可以在不影响主观听觉的基础上进一步降低比特率。比特指派程序管理着所有音频声道中子带信息的编码指派和分配，对音频信号比特的分配和使用的比特率决定了音频质量。音频数据复用器将所有声道中的子带数据和附加的辅助信息进行打包，形成特殊数据语法格式的编码音频数据流。在数据流中加入的同步信息将用于解码器对编码数据流的同步。

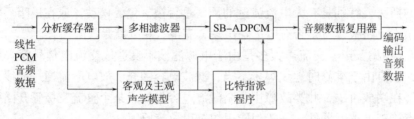

图 8-3-1　相干声学编码器的工作流程

2. DTS 解码器的组成及原理

DTS 解码器采用相干声学解码器实现，其工作流程如图 8-3-2 所示，主要由音频数据解包复用、子带差分反量化、反多相滤波器和可选 DSP 功能 4 部分组成。编码的音频数据通过音频数据解包复用电路进行解包，然后将解包的音频数据送到相应声道的子带中去，通过在每个子带中传输的辅助信息指令，对子带中的差分信号进行反量化，得到子带 PCM 数据。再将这些通过反量化得到的子带 PCM 数据进行反多相滤波处理，得到每个声道的全频带时域 PCM 音频信号。可选 DSP 功能主要用于用户编程，它允许对单个声道或全部声道中的子带或全频带 PCM 音频信号进行处理。可选 DSP 功能主要包括上矩阵变换、下矩阵变换、动态范围控制等功能。

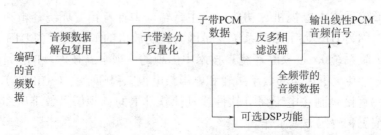

图 8-3-2　相干声学解码器的工作流程

二、DTS 数字影院系统的配置和安装方法

1. DTS 数字影院系统的配置

配置一套 DTS 数字影院系统需要电视机、DVD 机、DTS 功放机、主音箱、中置音箱、环绕音箱和有源重低音音箱等设备。DTS 数字影院系统的品牌较多，较为常用的有雅马哈、申士、三星等，这里以雅马哈品牌为例进行介绍，具体配置参照表 8-3-1。

表 8-3-1　　　　　　　　　　　　DTS 数字影院系统配置表

序号	产品名称	规格型号	单位	数量
1	电视机	夏普	套	1
2	DVD 机	飞利浦	台	1
3	DTS 功放机	雅马哈 RX-V471	台	1
4	主音箱	NS-B20	台	2
5	中置音箱	NS-C20	台	1
6	环绕音箱	NS-B20	台	2
7	有源重低音音箱	NS-SWP20	台	1

2. DTS 家庭影院系统的安装方法

步骤一：先安装好电视机，然后确定音箱的位置

DTS 数字影院系统的音箱分为左、右主音箱，中置音箱，左、右环绕音箱，有源重低音音箱。左、右主音箱安装在电视机两侧（一侧 1 个）；中置音箱放在中间，可以在电视机下面；左、右环绕音箱放在听者斜后方左、右两侧（一侧 1 个）；有源重低音音箱可以放在电视机左侧，如图 8-3-3 所示。

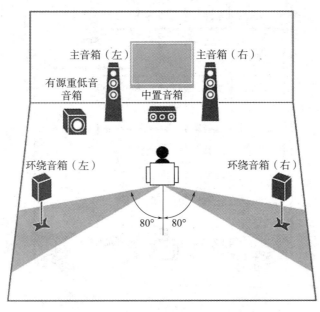

图 8-3-3　DTS 数字影院系统音箱的放置位置

步骤二：把音箱安装到位，然后连接音箱线材

先将音箱线缆端部剥去大约 10 mm 的绝缘皮，然后将裸线捻在一起，松开音箱接线端子，将裸线插入音箱接线端子的间隙内，拧紧端子，如图 8-3-4 所示。

图 8-3-4　音箱接口的连接

步骤三：往功放机上接线

功放机上有 5 个声道的功率输出，分别对应左、右主音箱，中置音箱，左、右环绕音箱，有源重低音输出对应有源重低音音箱，如图 8-3-5 所示。

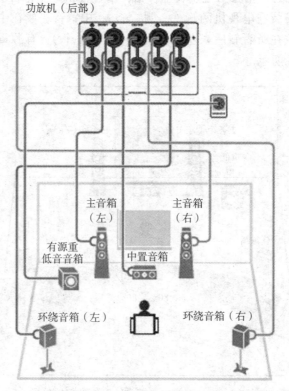

图 8-3-5　音箱与功放机的连接

步骤四：连接信号线

先把 DVD 机等播放设备连到功放机的 HDMI 1 输入端口，然后用数据线将功放机的 HDMI 输出端口与电视机的 HDMI 输入端口进行连接，将电视机音频输出端口与功放机 AV4 输入端口进行连接，如图 8-3-6 所示。

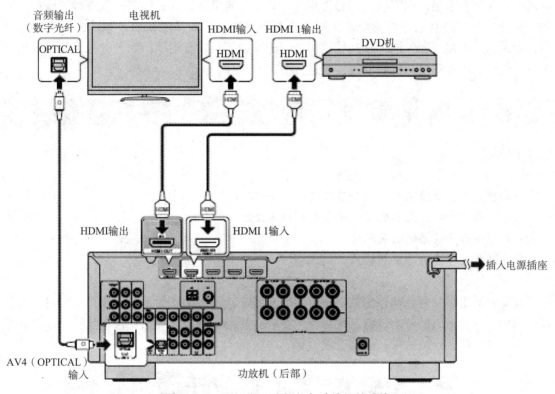

图 8-3-6　DVD 机、电视机与功放机的连接

三、DTS 数字影院系统的故障特点和检修

1.DTS 数字影院系统的故障特点

DTS 数字影院系统与 AC-3 家庭影院系统由于在结构方面相似，因此，在故障现象方面同样也相差不大。通常，DTS 数字影院系统的常见故障现象也是出现在图像或声音方面，并且无图像、无声音故障较多。

2.DTS 数字影院系统的检修

DTS 数字影院系统的常用检修方法有直观检查法、信号注入法和替换检修法等，应根据实际情况进行选择。

（1）无图像、有声音故障的检修

DTS 数字影院系统无图像、有声音时，首先要检查是否是电视机损坏，如果电视机正常，说明无信号送入电视机，此时需检查 DVD 机的输出信号是否正常。如果 DVD 机的输出信号正常，则说明 DVD 机到电视机端的信号线有问题；如果 DVD 机的输出信号不正常，则检查 DVD 机，看是光盘问题还是 DVD 机硬件问题。如果是光盘问题，则更换光盘；如果是 DVD 机硬件问题，则需进行硬件维修。

（2）有图像、无声音故障的检修

DTS数字影院系统有图像、无声音时，说明电视机正常。此时首先检查音箱是否正常，如果音箱不正常，则需对音箱进行维修；如果音箱正常，则需检查功放机是否有音频信号输出。如果功放机有音频信号输出，则说明是功放机到音箱之间的音频信号线有问题；如果功放机无音频信号输出，则需检查其是否正常。如果功放机不正常，则需对其进行维修；如果功放机正常，则检查电视机音频输出端是否有信号输出。如果电视机音频输出端有信号输出，则说明是电视机音频输出端到功放机之间的音频信号线有问题；如果电视机音频输出端无信号输出，则需对电视机和HDMI线进行检查和维修。

§8-4　舞台音响系统

学习目标

1. 掌握舞台音响系统的组成和原理。
2. 了解舞台音响系统的配置、安装和调试方法。
3. 熟悉舞台音响系统的故障特点。
4. 能进行舞台音响系统的检修。

在舞台演出中舞台音响系统是必不可少的一部分，图8-4-1所示为专业舞台音响。通常将专门用于舞台演出的音响设备统称为舞台音响。舞台音响系统的主要作用是扩音、营造舞台气氛、打造舞台音响效果和协调音响效果。

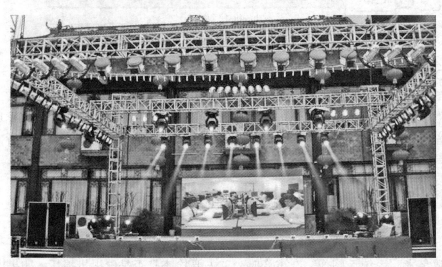

图8-4-1　专业舞台音响

一、舞台音响系统的组成和原理

舞台音响系统通常由声源设备、音频处理设备和音箱三大部分组成。舞台音响系统的设备连接图如图8-4-2所示。

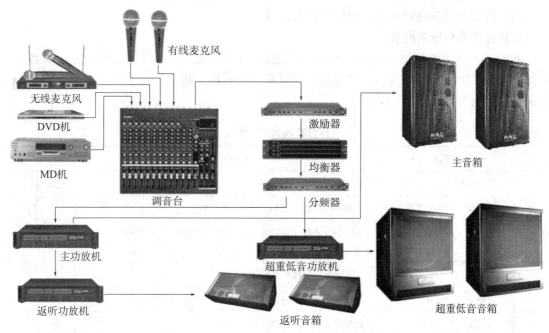

图 8-4-2 舞台音响系统的设备连接图

1. 声源设备

声源设备也称为信号源设备，其主要作用是产生音频信号。舞台音响系统常用的声源设备有无线麦克风、有线麦克风、DVD 机和 MD 机。

2. 音频处理设备

音频处理设备的作用是对音频信号进行处理。舞台音响系统的音频信号处理设备有调音台、激励器、均衡器、分频器和功放机。

功放机是将音频电压信号转换成定额功率信号并用于驱动扬声器发声的设备。舞台音响系统常用的功放机有主功放机、返听功放机和超重低音功放机。

3. 音箱

舞台音箱大体上可以分为主音箱、超重低音音箱和返听音箱三种，如图 8-4-3 所示。

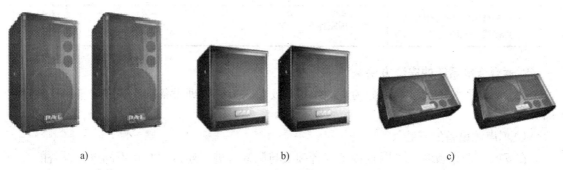

图 8-4-3 舞台音箱
a）主音箱   b）超重低音音箱   c）返听音箱

二、舞台音响系统的配置、安装和调试方法

1. 舞台音响系统的配置

通常，一套完整的舞台音响系统包括麦克风、DVD 机、调音台、激励器、均衡器、分频器、主功放机、返听功放机、超重低音功放机、主音箱、超重低音音箱、返听音箱等，具体配置参照表 8-4-1。

表 8-4-1　　　　　　　　　　　　舞台音响系统的配置

序号	产品名称	规格型号	单位	数量
1	无线麦克风	P-232X	套	1
2	DVD 机	飞利浦（支持多种格式，带 USB 口）	台	1
3	调音台	M16.2F（8 路麦克风输入，4 路立体声输出，内置数字混响效果器）	台	1
4	均衡器	B807（2×31 段图示均衡器）	台	1
5	分频器	B809（2 路立体声、3 路单声电子分频，带限幅功能）	台	1
6	激励器	B806（信号激励增益）	台	1
7	音频处理器	K1600	台	1
8	主功放机	GT2400（2×1 100 W/8 Ω，具有短路、断路和过载保护功能）	台	4
9	超重低音功放机	GT2400（2×1 100 W/4 Ω，具有短路、断路和过载保护功能）	台	1
10	返听功放机	GT1800（2×5 500 W/8 Ω，具有短路、断路和过载保护功能）	台	1
11	主音箱	TV719（两路全频，1×15″，8 Ω/650 W）	只	8
12	超重低音音箱	TV721（1×18″，8 Ω/600 W）	只	2
13	返听音箱	TV718（两路全频，1×12″，8 Ω/450 W）	只	2
14	时序器	SR/328（8 路电源时序器）	台	1
15	高级音频线	符合国家标准（讯道 2×400 芯音 / 视频线）	批	1
16	防振航空机柜	16 U	个	1
17	辅料（航空头 / 卡侬头 / 连接线 / 过机线）	符合国家标准	批	1

2. 舞台音响系统的安装方法

舞台音响系统的安装可以分为声源设备的安装、音频处理设备的安装和音箱的安装三大部分。

（1）声源设备的安装

在安装声源设备时，可以直接将其音频线与调音台进行连接，并将不同声源设备的音频线接到调音台的不同通道上，以便于控制。

（2）音频处理设备的安装

在安装音频处理设备时，可以参考舞台音响系统的设备连接图，按照"调音台→激励器→

均衡器→功放机"的顺序进行连接。通常这几种设备可以放到一个机柜中，以便于调试和控制。控制机柜尽量放置在舞台前方的一侧，并以能听到清楚的扩音信号的位置为适。

（3）音箱的安装

音箱在安装时需要将其音频线与音频处理设备的功放机进行连接，音频处理设备中的功放机有三种，分别为主功放机、超重低音功放机和返听功放机，而音箱也有三种，分别为主音箱、超重低音音箱和返听音箱，音箱与功放机连接时需要一一对应，即主音箱接主功放机，超重低音音箱接超重低音功放机，返听音箱接返听功放机。音箱安装完成后将其放置在舞台对应的位置，通常，主音箱和超重低音音箱可以放在舞台前方的两侧，返听音箱放在舞台前方靠中间的位置，如图8-4-4所示。

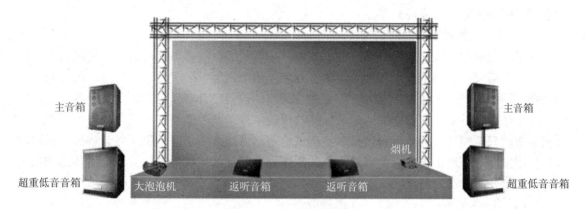

主音箱　　　　　　　　　　　　　　　　　　　　　　　　　　　　主音箱

烟机

超重低音音箱　大泡泡机　　返听音箱　　　返听音箱　　　　　　超重低音音箱

图 8-4-4　舞台音箱的放置

3. 舞台音响系统的调试方法

（1）音箱的调试

将功放机和音箱接入系统，逐一打开音箱的电源，待其工作稳定后，接入相位仪，在较小的音量下逐一检查所有音箱的相位是否正确。

（2）均衡器的调试

将音箱处理器的噪声发生器和均衡器接入系统，准备好频谱仪，按照扩声质量测试要求，将频谱仪接入相应的位置。然后以适中的音量对粉红噪声信号进行扩声，在20 Hz ~ 20 kHz 的音频范围内微调均衡器的各个频点，在保持音量一致的前提下，使频谱仪在各个测试点处显示的频响曲线基本平直，记录均衡器各个频点的位置。用同样的方式在音量较小时和额定音量时对均衡器进行调试，并做好频点记录。最后将这些记录下来的均衡器频点进行折中处理，利用频谱仪高一级的挡位进行测试，适当修正后即可确定均衡器的频点位置。注意，在进行均衡器的调试时，调音台的频率均衡点一定要在0处，其他周边设备要处于旁路状态。另外，考虑到普通人的听音习惯，可以将均衡器10 kHz 以上的信号适当做一些衰减。

（3）分频器的调试

对于仅作为低音音箱分频的分频器，可以在均衡器调试结束后，让低音系统单独工作，将分频器的分频点取在150 ~ 300 Hz 范围内，适当调整低音信号的增益（感觉音量适合即可），然后与全频系统一起试听平衡低音和全频音量。对于作为全频系统分频的分频器，尽量参照音箱生产厂家推荐的分频点，对增益做进一步的微调。

（4）声压级的测定

将粉红噪声仪接入扩声系统，像调试均衡器一样选取几个测试点放置声压计，然后调整音响系统的所有设置，最后打开音响设备，逐渐提升噪声信号的音量。要求在保证信号最佳动态的前提下，调整各音响设备的增益，使系统的扩声声压在各测试点都达到设计要求。同时，需要参考声压级在高、中、低各频段的情况，再对均衡器和分频器略做调整。当然，高、中、低各频段的声压级不可能完全相同，一般考虑到听感，需要将高频声压级调低，而要打开 DISCO（迪斯科）系统的低音系统，又需要将低频声压级调高。在进行声压级的测试时，需要将各测试点的声压级进行比较，如果各测试点的结果偏差较大，说明该声场的均匀性不好，应分析原因并改进。

（5）麦克风和效果器的调试

对于麦克风的调试一般要分类进行。人声、乐器用的有线麦克风通常需要使用者配合完成，调试时需要了解各个人、各种乐器的特点和使用距离等，一般要求音质好、没有明显的线路噪声即可。调试无线麦克风时，需要注意天线的位置要合理；麦克风使用时的死点和反馈点要足够少，并对位置做详细的记录；接收机的信号增益要适当，要反复调试抑制噪声的微调旋钮。只要将信号的输入和输出增益调试合理，保证有一定的余量，并且将混响时间和延时量限制在一定范围内，以免影响声音的清晰度和信号的连续性即可，其他具体的使用调整可以让操作者自己进行。

（6）压限器的调试

一般要在其他设备调试基本完成后再进行压限器的调试。压限器的主要作用是保护功放和音箱，以及保持声音平稳，所以要先视信号强弱来设定压缩起始电平。通常起始电平不要设定得太低，否则系统音质会受到影响，但设定得太高也会失去保护作用。压缩启动时间不宜设置过长，以免保护动作不及时，但设置过短又会破坏音质，产生杂音。压缩恢复时间不宜过短，否则也会产生杂音。一般在工程中设置压缩比为 4∶1 左右。在设置压限器的噪声门时，如果系统没有噪声，可以关闭噪声门；如果有一定的噪声，可以将噪声门门槛电平设置在较低的位置，以免造成信号断续。如果系统的噪声较大，应从工程施工上进行分析，不要单独利用噪声门来解决。总之，压限器的调试没有具体的标准，各种设置基本上都需要根据信号的情况和声音的质量来决定，通过反复比较找到最佳点。

音响系统其他设备的调试就不再一一介绍，在具体的工程调试中应仔细阅读设计说明书和产品说明书，逐步调节，在不破坏声场的前提下，有选择地使用各种音频处理设备，以满足设计要求。

三、舞台音响系统的故障特点和检修

1. 舞台音响系统的故障特点

舞台音响设备的种类繁多，这些设备在使用时难免会出现各种各样的故障，有些是设备本身的故障（俗称为硬故障），有些是使用不当造成的人为故障（软故障）。大体上舞台音响系统出现故障的种类可以归纳为电源故障、线路故障、人为操作故障、设备本身故障和干扰故障五大类。其中电源故障、线路故障、设备本身故障和干扰故障为硬故障，人为操作故障为软故障。

2.舞台音响系统的检修

舞台音响设备较多，在检修故障时通常可以采用直接检查法、替换检修法和旁路法。其中，旁路法是指当怀疑某一设备可能存在故障时，将信号越过这一级设备，直通后级，使这一级设备旁路，观察故障是否消除的方法。

舞台音响系统常见的故障有无声、声音小、有噪声等，应根据实际情况进行选择。

（1）无声故障的检修

音响系统无声时，首先要判断是音箱的问题还是前级电路的问题。在给音箱加电之前，要把音量旋钮旋至最大位置，打开电源开关，注意音箱是否发出"砰"的声音。如果有，说明音箱没有问题；如果没有，则是前级电路的问题。此时可以从后级功放开始逐级检查设备和线路，看是哪一级设备或线路出现故障。如果是设备损坏，则进行维修或更换；如果是线路断开，则需要更换音频线或接头。

（2）声音小故障的检修

音响系统声音小也称为音响系统音量不足，一般情况下，如果专业舞台音响设备中出现音量不足的情况，要及时检查功放和音箱的线路电平设置是否正确，此外，还要检查音箱线的连接是否牢固、功放与音箱的相位是否一致、均衡器衰减幅度是否在正常的范围内、压限器的起控电平是否恰当等。

（3）有噪声故障的检修

专业舞台音响设备中如果有噪声，首先要检查调光干扰、音响和灯光电源是否出现断开的情况，其次要检查灯光电源和控制线路是否离音频信号线太近、有无出现硅箱离音频设备太近的情况。音箱有噪声通常都是由于信号传输不合理导致的，所以当信号线的屏蔽出现问题或信号的接地不正确时，就容易出现噪声干扰的情况。

§8-5 园区有线广播系统

学习目标

1.熟悉园区有线广播系统的主要用途。

2.掌握园区有线广播系统的基本组成和原理。

3.了解园区有线广播系统的配置和安装、调试方法。

4.熟悉园区有线广播系统的故障特点。

5.能进行园区有线广播系统的检修。

一、园区有线广播系统的主要用途

随着智能建筑及智能化园区在我国的推广与发展，防盗报警、电视监控、宽带技术、楼宇自控以及楼宇对讲等高新技术得到了广泛应用，为人们的生活提供了很多便利。园区有线广播系统主要的用途有：进行业务宣传和时事政策广播；播送背景音乐和广播公共寻呼；进行火灾事故和突发事故的紧急广播。

1. 播放背景音乐和广播公共寻呼

背景音乐简称为 BGM（back ground music），其作用是掩盖公共场所的环境噪声，创造一种轻松愉快的氛围。背景音乐的平均声压在 60~70 dB。在背景音乐中播放寻呼广播时，应设有"叮咚"或钟声等提示音，以提醒公众注意。

2. 进行火灾事故和突发事故的紧急广播

以前紧急广播系统与火灾报警系统是独立的系统，但由于长期不使用紧急广播系统，其可靠性大为降低（如使用时不发声等），因此，现在通常把火灾报警系统与背景音乐系统集成在一起，组成通用性较强的公共广播系统，其主要具有以下功能：

（1）优先广播权功能

发生火灾时，消防广播信号具有最高级的优先广播权，即利用消防广播信号可以自动中断背景音乐和寻呼找人等广播。

（2）选区广播功能

当大楼发生火灾报警时，为了防止混乱，只向火灾区及其相邻的区域广播，并指挥撤离和组织求救等事宜。这种选区功能有自动选区和人工选区两种，可确保可靠地执行指令。

（3）强制切换功能

播放背景音乐时各扬声器负载的输入状态通常各不相同，有的处于小音量状态，有的处于关闭状态，但在紧急广播时，各扬声器的输入状态都将转为最大全音量状态，即通过遥控指令进行音量强制切换。

此外，消防值班室必须具备紧急广播分控制台，分控制台应能遥控公共广播系统的开 / 关机。分控制台的麦克风具有优先播放权，分控制台具有强制切换权和选区广播权等。

二、园区有线广播系统的基本组成和原理

园区有线广播系统分为信号源及前端部分、信号传输与分配系统、终端接收设备及扬声器几部分，其基本组成如图 8-5-1 所示。

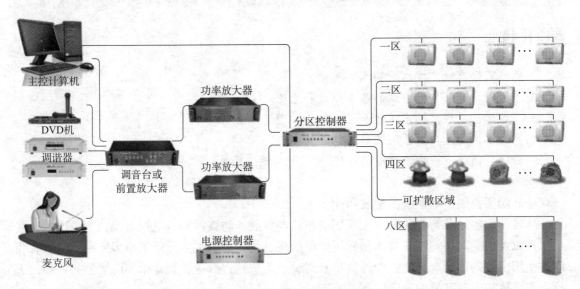

图 8-5-1　园区有线广播系统的基本组成

1. 信号源及前端部分

信号源及前端部分由音源单元、主控与信号切换控制单元、音频信号调制与放大单元组成，主要完成音源信号的选择和信号处理，各部分的功能如下：

（1）音源单元

音源单元的功能是提供声音所转换的模拟或数字信号源，通常有麦克风、调谐器、多媒体播放机等。

（2）主控与信号切换控制单元

该部分的功能是将音源单元播出的音频信号进行切换，以分配给不同的区域。

（3）音频信号调制与放大单元

音频信号调制与放大单元包括均衡器、前置放大器（或调音台）、功率放大器、各种控制器材及音响加工设备等。这部分设备的首要任务是进行信号放大，其次是进行信号选择。调音台和前置放大器的作用相似（调音台的功能和性能指标更高），它们的基本功能都是完成信号的选择和前置放大，此外还对音量和音响效果进行各种调整和控制。有时为了更好地进行频率均衡和音色美化，还另外单独投入均衡器。功率放大器则将前置放大器或调音台送来的信号进行功率放大。

2. 信号传输与分配系统

信号传输与分配系统主要完成信号的传输和分配。信号传输线路虽然简单，但随着系统和传输方式的不同而有不同的要求，一般分为模拟音频线路、数字双绞线线路、流媒体（IP）数据网络线路、数控光纤线路。

对礼堂和剧场等，由于功率放大器与扬声器的距离不远，一般采用低阻大电流的直接馈送方式，传输线要求用专用喇叭线；而对园区广播系统，由于服务区域广、距离长，为了减少传输线路引起的损耗，往往采用高压传输方式，采用高压传输方式的传输电流小，故对传输线要求不高，一般采用普通音频线即可，属于模拟音频线路。

数字可寻址园区广播系统一般采用数字双绞线进行传输，它将音频信号和控制信号集中在一条两芯的双绞线上传输，与采用普通音频线传输相比，采用数字双绞线传输极大地节省了安装和布线成本，更便于系统维护，具有更远的传输距离和更好的传输效果，可靠性更高。

目前，大多数公共场所均已布有流媒体数据网络线路（局域网线路），对于流媒体公共广播系统，则在此基础上将流媒体公共广播系统设备添加上去即可，直接采用原有流媒体数据网络线路进行传输，不需再另行布线。

而对于公园、小区等公共广播区域面积较大、传输线路较远的场所，则可以选用数控光纤线路进行传输，传输距离可达 20～200 km，从而解决以往公共广播系统无法进行远距离传输的弊端。

3. 终端接收设备及扬声器

终端接收设备及扬声器主要是对信号进行接收并送至扬声器进行发声。室内通常采用普通功放对音源进行放大，以满足扩音的听觉要求。室外采用"控制机 + 定压功放"接收并放大音源后，对音频信号进行定压传输，由定压功放进行功率放大，推动室外防雨音柱。扬声器要求与整个系统相匹配，同时其位置的选择也要切合实际。在扬声器的选择上，通常室内一般用天花扬声器、室内音柱、壁画扬声器、壁挂式扬声器或悬挂式扬声器，室外可采用号角扬声器或室外造型扬声器等。扬声器的外形如图 8-5-2 所示。

三、园区有线广播系统的配置、安装和调试方法

1. 园区有线广播系统的配置

在配置园区有线广播系统时，要本着"先进性、科学性、稳定性、经济性、扩展性"相统一的原则进行。下面以香港万德电子有限公司的园区有线广播系统产品为例进行介绍。

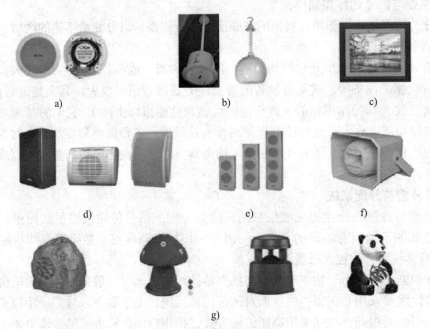

图 8-5-2 扬声器的外形

a）嵌入式、无后罩的天花扬声器 b）吊装式、有后罩的天花扬声器 c）壁画扬声器（隐形）
d）壁挂式扬声器 e）室内音柱 f）号角扬声器 g）室外造型扬声器

在配置园区有线广播系统时，首先需要遵循园区有线广播系统的基本结构，即按照信号源及前端部分、信号传输与分配系统、终端接收设备及扬声器三部分进行。

（1）信号源及前端部分

该部分所有的设备均布置在主机房。

1）音源单元。音源单元主要由数字节目源主控计算机及 V4.0 多路数字播放软件、模拟节目源 DVD、录音卡座、收音头、调音台、麦克风等组成。可根据实际使用情况选择 WK717 卡座 1~2 台，用于播放磁带节目；配置 WK1019 CD/MP3 1 台，用于播放 CD、MP3 等光盘节目；WK1020 收音头 2 台，用于转收当地广播电台节目；配置调音台 1 台，用于播音员播送自办节目。此外，也可以对磁带的音色进行修正，对音量进行调节，以达到最佳的听觉效果。

2）主控与信号切换控制单元。主控与信号切换控制单元主要由 WK2150 智能寻址调频广播主机、系统播控软件（含有音频矩阵切换器功能）等组成，无须另配音频矩阵切换器，仅通过软件就可以将音源播出的音频信号进行选择切换，以分配给不同区域选择相同或不同

的音源。WK2150智能寻址调频广播主机可以接收主控计算机RS232通信，指定用户通过对主控计算机的操作，实现自动或手动寻址编码控制和全数字硬盘自动播放；可以对终端音箱电源自动或手动开/关，以便于统一管理。

3）音频信号调制与放大单元。音频信号调制与放大单元主要由WK2150智能寻址调频广播主机内部集成的调频调制器、频率复用合成器和放大器等组成。根据区域划分的数量选择调频调制器的数量，以满足不同区域同时播放不同节目的要求。所有调制信号经混合器混合和放大器放大后，输出到主干CATV（community antenna television）网络并传送到各个终端。

（2）信号传输与分配系统

信号传输与分配系统采用同轴电缆共缆传输的方式传输音频载波信号和FSK寻址编码控制信号，可与闭路电视信号共缆传输，电视、广播、寻址控制信号"一线通"。对已有有线电视系统的地方来说，只需在原有线电视的基础上直接安装设备即可，无须重新布线。采用有线电视分支分配器，按照满足电平的原则进行信号分配［满足终端电平（58±10）dB即可］。添加本广播系统，既方便快捷，又利于布线和维护，且广播及控制信号与有线电视信号在不同的信道上传输，互不干扰，扩充容易，无须考虑功率匹配问题。

（3）终端接收设备及扬声器

室内采用WK型多频点自动变频可寻址调频扬声器收听，同时还可以通过扬声器专配音频输入口对本地音源进行放大，以满足扩音的听觉要求。

室外采用"寻址接收控制机＋定压功放"接收并放大音源后，对音频信号进行定压传输，由定压功放进行功率放大，推动室外防雨音柱。定压功放电源受WK2-2控制，WK2-2可寻址接收控制机有手动控制和自动控制双重功能，自动状态时可由计算机系统进行寻址控制、播放背景音乐等；手动状态时无须操作计算机即可实现本地控制，播送卡座音频信号和麦克风音频信号，用于各分控点独立插播控制。花园、草坪需安装室外造型扬声器。

2. 园区有线广播系统的安装方法

园区有线广播系统的安装主要分为设备安装和线路连接两大部分。

（1）设备安装

设备安装包括机柜设备、输入音源和扬声器的安装，安装顺序如下：

1）按机柜说明书组装好机柜。

2）广播设备按信号流程从上到下装在机柜上，广播功放等较重的设备应放在机柜的最底层。安装好之后的顺序（从上到下）通常是：音源→信号修饰设备和前置放大器→监听器、功率分区器、强插电源、电话接口、消防接口→电源时序控制器→广播功放。广播功放离机柜的底部有时留有2U（2单元）空闲的空间，以便于线路穿过和空气对流（"U"是"Unit"的简称，译为"单元"，是专业电子设备设计高度的国际标准。1U为1.75 in，约合44.4 mm）。

很多工程人员在安装设备时顺序刚好与上述相反，从机柜的最底部逐步向上安装设备，这是为了保证机柜上安装不完的空闲空间留在最上面，这样会美观一些。有经验的工程人员往往在安装设备时将机柜放倒，机柜的正面朝上放置，安装好设备后再将机柜直立起来。

安装时要注意不要碰花机柜或广播设备的表面，并要保证结构稳固，如要将承载设备的托条或托盘紧固在机柜上（拧紧其螺钉），这在安装广播功放等较重的设备时特别重要，不能疏忽。

3）设备安装完成后，进行输入音源和扬声器的安装。

（2）线路连接

线路连接在整个设备的安装过程中十分重要，既要保证连接逻辑的正确性，又要保证连接的可靠性。连接的可靠性要给予足够的重视，因为经常会出现因连接不好而导致接触不良、噪声大等。在线路连接的环节要注意以下几个方面：

1）使用优质的接插件和线材。如要现场制作线材，在焊接接插件时必须保证电烙铁有足够的功率和热量；要准备专用的线材制作工具，这样才能保证线材的可靠性。

2）优化布线结构，尽量缩短电缆的长度。

3）装好的接插件要用手试拔插一下，看松紧是否合适。

4）数字电缆、模拟电缆、音箱电缆、电源线等要分开布置，弱信号要与强信号分开。

5）给所有的电缆贴上标记，防止后期重复检查线路。

6）将电缆分门别类进行捆扎，使其稳固、美观。

3. 园区有线广播系统的调试方法

设备安装好并接好线后，要对系统进行初步调试，调试过程和要点如下：

（1）先不要打开广播功放的电源，逐台打开其他设备的电源，并检查有无不通电、过热或冒烟等异常现象。如果没有，则进一步检查它们的功能是否基本可用。可让音源播放节目，观察信号修饰与处理设备（信号压缩与扩展设备、均衡器、前置放大器等）是否有信号指示，如果都有，则表示这些设备基本正常。将节目信号流过的设备的音量分别调到饱和输出的七成左右，这样就能基本保证节目信号的质量和系统的信噪比。然后检查分区器、监听器等设备的功能，并将分区器的全部分区关闭。

（2）将上述设备的开关、旋钮置于相应的位置，特别是音量要适当。

（3）关闭广播功放的音量，并打开其电源，稍等片刻，观察有无不通电、过热或冒烟等异常现象。然后逐步开大音量，通过观察信号指示灯，检查功放是否有输出。再逐个打开相应的分区，并检查所有分区是否有声音播放出来。最后将功放音量调到合适的位置。

（4）若这些测试都正常，则主要工作已完成，最后再详细测试一下各设备和系统的细节功能。

（5）进行较长时间的设备通电老化，至少 60 min 以上。老化过程中必须有人值守观察，并每隔几分钟检查一次温升情况。

四、园区有线广播系统的故障检修

1. 园区有线广播系统的检修方法

在园区广播系统初步调试或运行时出现故障，通常是按信号流程，找出发生故障的设备并进行简单的维修处理。如设备故障比较复杂，或厂家保修且不允许用户自行修理，则应直接送回厂家修理。

园区有线广播系统的检修方法主要有直观检查法、试探法和静态参数测量法。

（1）试探法

试探法是针对怀疑有故障的电路采用比较、分割、替代、模拟等试探手段，找到故障所在并排除的方法。

1）比较。比较是指找一台与故障机完全相同的合格机器，测量相对应部分的电压、电阻、电流数值，并加以比较，找到故障所在。

2）分割。分割是指将某部分电路与其他部分断开，接上外加电源，注入信号，从而进行故障判断。

3）替代。替代是指用好的元件替代怀疑损坏的元件，或将左、右声道部件对换，尤其适合集成电路块故障的检测。如果部件对换之后机器恢复正常，则说明该部件有故障。

4）模拟。模拟分为温度模拟和振动模拟。温度模拟是指采用电吹风加热或酒精降温，以进行温度性能的检查。振动模拟是指使用细的塑料绝缘棒轻击某些部件，观察电路的工作状态，可以发现某些虚焊现象，从而找出故障所在。这种方法一般由技术熟练的工作人员进行，否则容易出现故障加重现象。

（2）静态参数测量法

测量静态参数时须持有厂家生产设备的维修手册，并明确各个元器件端点的静态工作电流或电压，然后再利用万用表测量电路各个部分的电流、电压或电阻，看是否与标称值相符。

2.园区有线广播系统的检修

园区有线广播系统的常见故障有所有扬声器都不响、功放工作时突然没声音和后级功放噪声过大。

（1）所有扬声器都不响故障的检修

扬声器不响是一种常见的故障现象，通常需要对整个广播系统进行分析。

首先从音源入手，用DVD、计算机、有线麦克风、无线麦克风换着试验，以排除音源设备的故障。若用各种音源设备试验都没有声音，可以跳过其他设备的测试，直接检查功放。如果一套广播系统有多台功放，首先确定各台功放分别负责哪个区域。一般情况下，不可能全部功放都不响，只可能是某个区域的功放不响。观察功放的削波指示灯，如果一播放声音，某台功放的削波指示灯红灯就点亮，说明这台功放后面的线路可能有短路，且故障比较严重，未排除故障之前，不可打开功放播放广播（短路状态下播放广播会损坏功放）。如果是因为短路造成扬声器不响，应首先切断所有有关的电源，然后再进行相关处理。如果是元件损坏造成电源短路，只需更换一个新的元件即可，但在更换时一定要先关闭电源。如果是线路老化，则需要更换新的电线。

（2）功放工作时突然没声音故障的检修

功放工作时突然没声音，一般是由于扬声器继电器吸合保护造成的。导致扬声器继电器吸合保护的原因很多，常见的是末级功率管（或推动管）性能变差，导致零点电位漂移，这时输出就会带有直流成分，所以继电器吸合，以保护扬声器不被烧毁。此外，电源供电部分故障，使输出的双电源不对称，也会导致零点漂移。若扬声器保护电路自身出故障，导致继电器吸合无力，无法可靠接通负载，逐一检查即可排除故障。

（3）后级功放噪声过大

后级功放的噪声过大，需首先明确噪声是否随音量电位器的调整而变化，如果是，应检查输入线、输入插口和音量电位器本身的连接、屏蔽和接地；如果不是，则可从输出查起，检查输出管中点是否漂移、输出反馈电阻的阻值是否劣变、输入电容是否漏电、双极性电源的输出电压是否一致、电源滤波电容是否变质、变压器的噪声和接地等。此外，还应明确噪声是原来就有还是新出现的，如果是原来就有，故障出在电路后部的可能性大。确定噪声是一个声道有还是两个声道都有，也可加快检修速度。

思考与练习

1. 汽车音响系统由哪几部分组成？
2. 什么是 AC–3？
3. DTS 编码器由哪几部分组成？
4. 舞台音响系统由哪几部分组成？各组成部分的作用是什么？
5. 园区有线广播系统由哪几部分组成？